"中国森林生态系统连续观测与清查及绿色核算"系列丛书

王　兵 ▇ 主编

"互联网＋生态站"

理论创新与跨界实践

陈志泊　崔晓晖　李巨虎　许　福
牛　香　李　敏　王新阳　朱锦茹　　　▇ 著

中国林业出版社
China Forestry Publishing House

图书在版编目(CIP)数据

"互联网+生态站"：理论创新与跨界实践 / 陈志泊等著. -- 北京：中国林业
出版社,2021.11
("中国森林生态系统连续观测与清查及绿色核算"系列丛书)
ISBN 978-7-5219-1013-1

Ⅰ.①互… Ⅱ.①陈… Ⅲ.①森林生态系统－系统管理－研究－中国 Ⅳ.
①S718.55

中国版本图书馆CIP数据核字(2021)第032275号

中国林业出版社·林业分社

策划、责任编辑： 于界芬　于晓文

出版发行	中国林业出版社有限公司 (100009 北京西城区德内大街刘海胡同 7 号)
网　址	http://www.forestry.gov.cn/lycb.html
电　话	(010) 83143542
印　刷	河北京平诚乾印刷有限公司
版　次	2021 年 11 月第 1 版
印　次	2021 年 11 月第 1 次
开　本	889mm×1194mm　1/16
印　张	12.75
字　数	320 千字
定　价	98.00 元

《"互联网＋生态站"：理论创新与跨界实践》著者名单

项目完成单位：

北京林业大学

广东佛山云创气象服务技术有限公司

中国森林生态系统定位观测研究网络（CFERN）

中国林业科学研究院

浙江省林业科学研究院

项目首席科学家：

王　兵　中国林业科学研究院

陈志泊　北京林业大学

项目组成员：

陈志泊	崔晓晖	李巨虎	许　福	牛　香	李　敏	王新阳
朱锦茹	陈　民	王　兵	师栋瑜	晏宁红	黄玉洁	王志高
于辉辉	蔡　祥	胡文清	潘壮志	肖天宇	宾　潇	田　天
柴荣钿	刘　璐	贾相宇	宋庆丰	王　慧	段玲玲	白浩楠
郭　珂	林野墨	袁卿语	高子豪	王　康	黄雨璇	

编写组成员：

陈志泊	崔晓晖	李巨虎	许　福	牛　香	李　敏	王新阳
朱锦茹						

前 言

　　生态文明建设是关系人民福祉、关乎民族未来的长远大计。党中央将生态文明建设纳入中国特色社会主义建设事业的"五位一体"格局，提出了系统和完整的生态文明制度体系，进一步强调推进生态文明建设的重要性和紧迫性，要求人们牢固树立"尊重自然、顺应自然、保护自然"的生态文明理念，提出"绿水青山就是金山银山"（"两山理论"）。"两山理论"的提出反映了生态文明建设的客观规律，体现了新时代生态文明建设的创新途径。

　　从"八五"以来，林业部（现国家林业和草原局）积极部署长期定位观测工作，建立了覆盖主要生态类型的中国森林生态系统定位观测研究网络（简称CFERN）。CFERN建立为揭示我国生态建设规模、质量和效果提供了有效手段。由于中国森林空间跨度大、立地条件丰富，森林系统类型多样，急需建立森林生态系统定位观测技术体系和评价方法，并以长期定位观测数据为基础，开展森林生态系统服务功能评估。中国林业科学研究院森林生态环境与保护研究所首席科学家王兵研究员带领团队，构建了中国森林生态连续观测与清查体系，制定了森林生态站建设、观测指标、观测方法、数据管理和应用等一系列标准，规范了森林生态站建设和观测研究，提升了森林生态站建设和观测的研究水平。

　　随着森林生态站观测设备和观测技术的发展，森林生态领域积累了一定量可用于生态效益分析、统计、挖掘和评价的长期生态观测数据，这些数据为开展局部区域的森林生态质量评价提供了基础和保障。结合我国生态文明建设的部署和要求，依托CFERN，为系统、全面、高效地掌握全国范围内森林生态建设的价值和成效，还需重点解决森林生态观测数据的采集、传输、集成、存储和共享、分析和应用等理论和技术问题，实现森林生态观测数据的可感知、自动传输、多站融化、质量控制、数据资源共享、大尺度多维度分析，发挥森林生态观测数据在林业经营管理、公共惠民服务、生态效益评价中的重要作用。

物联网、云计算、大数据、人工智能等"互联网＋"环境下的新一代信息技术发展为提升森林生态观测技术的信息化和智慧化程度奠定基础。在长期合作研究和实践基础上，中国林业科学研究院森林生态环境与保护研究所首席科学家王兵研究员、北京林业大学信息学院陈志泊教授及相关团队，首次提出了"互联网＋生态站"的概念，率先开展了"互联网＋生态站"的系统性研究工作，对其概念、特征、实现的技术路线、体系结构等方面进行了严格的定义和详细的论述，在相关的软硬件系统的研发、实践、测试、部署和维护等方面做出了深入的应用和实践，对构建能够智能感知生态观测数据、高效管理生态观测大数据资源、多层次高质量服务的智慧型生态站具有推动作用，对其他领域的智慧型生态站、水土保持监测站、水文站、气象站的建设具有参考和借鉴意义。

围绕"互联网＋生态站"的理论研究和实践应用情况，本书从新一代信息技术与生态站结合的角度，系统性阐述了物联网技术实现生态站数据自动汇聚和传输的方法、云计算技术实现生态站数据的融合和分布式存储方法、大数据技术实现生态站数据的质量控制与多维度统计、分析和挖掘方法。

为更好地指导智慧型生态站建设，全书提供了物联网技术、云计算技术和大数据技术与生态站融合的具体案例，全面介绍了应用新一代信息技术解决现有森林生态站数据感知、存储和高质量应用的方法和途径。

本书还介绍了团队多年研发的"互联网＋生态站"大数据平台的总体架构、业务模型、功能模块、生态监测大数据查询优化方法等内容，为开展智慧型生态站的软件系统和平台建设提供参考。

著者

2021年9月

目　录

第一章

中国森林生态系统定位观测研究网络与"互联网+"

　　20世纪下半叶以来，气候变暖、土地沙化、水土流失、干旱缺水、物种减少等生态危机正严重威胁着人类的生存与发展。随着1992年"世界环境与发展大会"的召开和1997年《京都议定书》的签订，以及2000年联合国《千年生态系统评估（MA）》（MA，2005）的开始，人们越来越关注地球生态系统和全球气候变化间的相互作用，迫切需要获取反映陆地生态系统状况的各种信息。同时，各国政府在生态保护、自然资源管理、应对全球气候变化和实现可持续发展等领域的宏观决策中也需要相关信息和数据作为科学依据（曹明奎，2000）。在亚洲地区，综合、全面、可信的研究数据的缺失严重阻碍人们了解气候对环境变化的影响（Huntingford and Gash，2005；Christian et al.，2006）。在此背景下，长期定位研究作为揭示生态系统结构与功能的重要手段，其作用尤为重要。

　　在生态系统定位研究取得长期观测数据的基础上，采用生态梯度的耦合研究方法，通过网络信息建立相应的数据库，寻求在更大空间尺度上各种类型生态系统的现状、演变趋势和规律进行全局性、系统性的调查和分析，为决策部门调整类型结构、持续经营、改善生态环境、提高经济和社会效益提供科学依据和可行技术（周晓峰，1999；刘曦，2020；王兵，2003）。为了揭示森林生态系统结构与功能，评估林业在经济社会发展中的作用，从20世纪50年代末至60年代初，国家结合自然条件和林业建设实际需要，在川西、小兴安岭、海南尖峰岭等典型生态区域开展了专项半定位观测研究，并逐步建立了森林生态站，这标志着中国生态系统定位观测研究的开始，至20世纪70年代，森林生态研究才形成长期定位观测的研究模式。

　　随着森林生态研究的不断深入，于1998年进入了生态站联网观测研究阶段，中国森林生态系统定位观测研究网络（Chinese Forest Ecosystem Research Network，以下简称生态站网，英文简称CFERN）应运而生。生态站网是根据我国生态环境建设需要，适应新世纪林业跨越式发展的趋势，满足天然林资源保护工程、退耕还林（草）工程、三北防护林等重点工程建设的要求而建立并逐步发展完善的森林生态研究网络（彭镇华，2000）。

目前，CFERN 已发展成为横跨 30 个纬度、代表不同气候带的由 110 个森林生态站组成的网络，基本覆盖了中国主要典型生态区，涵盖了中国从寒温带到热带、湿润地区到极端干旱地区的最为完整和连续的植被和土壤地理地带系列，形成了由北向南以热量驱动和由东向西以水分驱动的基于生态梯度的生态学研究网络。目前，一些森林生态站被 GTOS（全球陆地生态系统，Global Terrestrial Observing System）收录，并且与 ILTER（国际长期生态研究网，International Long Term Ecological Research Network）、ECN（英国环境变化网络，UK Environmental Change Network）、AsiaFlux（亚洲通量观测网络）等建立了合作交流关系。

第一节　国内外生态学定位观测研究的发展概况

一、国际长期定位观测研究

长期生态学定位研究始于 19 世纪的英国，当时的 Rothamsted 实验站对土壤肥力与肥料效益进行了长期定位试验。随后，其他国家相继开展了生态定位研究工作。目前，世界上持续观测 60 年以上的长期定位试验站有 30 多个，主要集中在欧洲、苏联、美国、日本、印度等国家和地区（李新荣等，2017）。

森林生态系统定位研究始于 1939 年美国 Laguillo 试验站对南方热带雨林的研究，当时著名的研究站还有美国的 Baltimore 生态研究站、Hubbard Brook 试验林站、Coweeta 水文实验站等，国内的则有长白山森林生态系统研究站等，这些试验站主要对森林生态系统过程和功能进行观测与研究（中国科学院沈阳应用生态研究所，2019）。

湿地生态系统定位观测研究起步于 20 世纪初，苏联在爱沙尼亚建立了第一个以沼泽湿地为研究对象的生态研究站。20 世纪中叶以后，随着人们对湿地功能和价值的认识进一步加深，湿地研究开始逐渐受到重视，各国也相继建立了针对不同湿地类型的生态研究站。其中，澳大利亚、美国、加拿大以及地中海地区的国家在此方向的研究进展较为迅速（尹小娟等，2014）。

荒漠生态系统的定位研究可追溯到 20 世纪初叶。20 世纪 20 年代，苏联在卡拉库姆沙漠建立了捷别列克生态监测站；50 年代，在俄罗斯大草原建立了生态研究站；60 年代，土库曼斯坦针对因滥垦草原造成大面积土地退化的中亚半干旱草原区开展了生态环境治理的研究（常兆丰，1997）。

随着人们对全球气候变化等重大科学问题的日益关注，以及网络和信息技术的飞速发展，生态系统观测研究已从基于单个生态站的长期观测研究，朝着跨国家、跨区域、多站参与的全球化、网络化的观测研究体系发展。生态站网的建设和观测更加注重标准化、规范化、自动化和网络化，研究内容更重视生态要素和机理过程的长期观测，生态系统观测研究已从单纯的科研过程发展成为政府决策或社会服务提供决策依据的信息渠道，日益得到政府和社会的关注和重视。

二、国内长期定位观测研究

基于观测站点的生态监测网络建设是一项长期的公益性事业。近年来，国内相关部门高度重视生态站网建设。中国科学院、生态环境部、农业农村部、水利部、国家气象局、国家林业和草原局等根据国家需求和行业特点，均建立了相应的野外长期定位观测专业站网，为部门决策与行业发展发挥了重要作用。

中国科学院是最早开展生态站建设与研究的科研机构，自 20 世纪 50 年代以来，陆续在全国主要生态类型区域建立了 100 多个生态研究站，组建了由 40 个野外生态观测站、5 个学科分中心和 1 个综合研究中心组成的生态定位研究网络（CERN），设有领导小组、办公室以及研究管理中心，作为决策、管理和技术指导机构，CERN 注重生态系统基础理论研究，管理较为系统，投入大，涉及学科领域广泛（王业蘧，1995）。

生态环境部自 20 世纪 90 年代末，组建了国家生态环境监测网、大气监测网络和水环境监测网络，并成立了中国环境监测总站。该总站负责管理、指导 31 个省级环境监测中心和 2400 多个各级环境监测站点开展监测研究工作；农业农村部围绕作物、土肥和农田、草原生态系统等，建设了一批野外科学观测试验站，其中国家级野外台站 5 个、部级 83 个，部门特色明显；水利部专门设有监测中心等机构，建立了各类水文站点 37000 多个，其中国家基本水文站 3000 多个，基本形成覆盖主要江河湖库、布局较为合理、功能比较完备的水文水资源站网体系；国家气象局组建了布局严密、数量众多、自动化程度高的气象观测网络，包括国家级地面气象观测站 2400 多个，国家级无人自动气象站 300 多个，区域自动气象站 31000 多个。这些气象观测站注重气象基础数据收集和研究分析（中国环境监测总站，1999）。

国家林业和草原局建立的中国森林生态系统定位观测研究网络经历了专项半定位观测研究、生态站长期定位观测研究以及生态站联网观测研究三个阶段。

（1）专项半定位观测研究阶段。20 世纪 50 年代末至 60 年代初，老一辈科学家借鉴苏联生物地理群落的理论和方法，结合自然条件和生产实际，在川西米亚罗亚高山云冷杉林、小兴安岭阔叶红松林、长白山阔叶红松林、腾格里沙漠东南缘的宁夏沙坡头、巴丹吉林沙漠和腾格里沙漠交汇处的甘肃民勤绿洲、湖南会同杉木人工林以及海南尖峰岭热带雨林等典型区域开展了专项半定位的观测研究，标志着我国森林生态系统定位观测研究的开始。

（2）生态站长期定位观测研究阶段。70 年代后，在上述地区逐步建立了森林生态站，并广泛吸收了欧美的生态系统理论和观测方法，开展了系统水平上的物质循环、能量流动的定位研究，逐步建立了以能量物质多级利用、以"低耗高效"为目标的森林生态系统经营的

理论体系和实践模式。1978年，林业部召开了"森林生态系统研究规划"会议，组织编制了《全国森林生态站发展规划草案》。20世纪80年代后期，林业部在生态林业工程区等典型生态区建立了多个生态站。1992年，林业部召开了由11个森林生态站参加的生态站建设工作会议，修订了规划草案，成立了生态站工作专家组，并在国家自然科学基金重大项目"中国森林生态系统结构和功能研究"的基础上，初步提出了生态站联网观测的构想，为开展跨站联合观测研究奠定了基础。

（3）生态站联网观测研究阶段。1998年，森林生态站的数量达到了16个。至此，森林生态站网已见雏形。从1999年起，国家林业局（现国家林业和草原局）紧密结合国家及行业发展对生态站网的需求，不断加大投资力度，新建了一批生态站，逐步加快了森林生态站网建设进程。截至目前，已建立100多个生态站，形成了初具规模的生态站网站点布局（表1-1）。与此同时，加大了重点站建设力度，逐步将一批基础条件好的生态站建设成国家级台站。目前，生态站网已有海南尖峰岭、江西大岗山、甘肃祁连山、湖南会同、陕西秦岭、西藏林芝、内蒙古大兴安岭等森林生态站入选国家级台站。2003年3月，在海南召开的"全国森林生态系统定位研究网络工作会议"上，正式成立了中国森林生态系统定位研究网络（CFERN），明确了森林生态系统定位研究是林业科技特别是林业基础研究的重要组成部分，确立了生态站网在林业科技创新体系中的重要地位，并提出了一系列新时期生态站网建设的新思路和新举措，标志着生态站网建设进入了加速发展、全面推进的关键时期。特别是"十三五"以来，中央财政投入用于生态站基础设施建设和仪器设备购置的经费逐渐增多，并设立相对稳定的经费用于生态站日常运行。

截至目前，森林生态站网形成了由北向南以热量驱动和由东向西以水分驱动的生态梯度十字网，是目前全球范围内单一生态类型、生态站数量最多的国家生态观测网络，一些生态站被GTOS收录，并且与ILTER、ECN、AsiaFlux等组织建立了合作交流关系。当前生态站网已成为一站多能，集野外观测、科学试验、示范推广、科普宣传于一体的大型野外科学基地，承担着生态系统服务功能评估、生态工程效益监测、重大科学问题研究等任务，在推动国家生态建设与社会可持续发展中发挥着重要的作用。

表 1-1　中国森林生态系统定位观测研究网络规划布局

植被气候区	地带性森林类型	规划数	拟建数	已建站
Ⅰ东北温带针叶林及针阔叶混交林地区（简称东北地区）	1.大兴安岭山地兴安落叶松林区	4	1	内蒙古大兴安岭森林生态站
				黑龙江嫩江源森林生态站
				黑龙江漠河森林生态站
	2.小兴安岭山地丘陵阔叶与红松混交林区	3	—	黑龙江黑河森林生态站
				黑龙江小兴安岭森林生态站
				黑龙江凉水森林生态站

（续）

植被气候区	地带性森林类型	规划数	拟建数	已建站
I 东北温带针叶林及针阔叶混交林地区（简称东北地区）	3.长白山山地红松与阔叶混交林区	6	1	辽宁冰砬山森林生态站
				吉林长白山森林生态站
				黑龙江雪乡森林生态站
				吉林长白山西坡森林生态站
				吉林松江源森林生态站
	4.松嫩辽平原草原草甸散生林区	4	3	辽宁辽河平原森林生态站
	5.三江平原草原草甸散生林区	4	—	黑龙江帽儿山森林生态站
				黑龙江七台河森林生态站
				黑龙江牡丹江森林生态站
				黑龙江抚远森林生态站
II 华北暖温带落叶阔叶林及油松侧柏林地区（简称华北地区）	6.辽东半岛山地丘陵松（赤松及油松）栎林区	2	—	辽宁辽东半岛森林生态站
				辽宁白石砬子森林生态站
	7.燕山山地落叶阔叶林及油松侧柏林区	3	—	河北小五台山森林生态站
				北京燕山森林生态站
				首都圈森林生态站
	8.晋冀山地黄土高原落叶阔叶林及松（油松、白皮松）侧柏林区	10	4	河南黄河小浪底森林生态站
				山西吉县黄土高原森林生态站
				山西太岳山森林生态站
				山西太行山森林生态站
				河北太行山东坡森林生态站
				河南禹州森林生态站
	9.山东山地丘陵落叶阔叶林及松（油松、赤松）侧柏林区	4	—	山东昆嵛山森林生态站
				山东泰山森林生态站
				山东临沂森林生态站
				山东青岛森林生态站
	10.华北平原散生落叶阔叶林及农田防护林区	2	—	河南黄淮海农田防护林生态站
				山东黄河三角洲森林生态站
	11.陕西陇东黄土高原落叶阔叶林及松（油松、华山松、白皮松）侧柏林	3	1	宁夏六盘山森林生态站
				陕西黄龙山森林生态站
	12.陇西黄土高原落叶阔叶林森林草原区	1	—	甘肃兴隆山森林生态站
	13.秦岭北坡落叶阔叶林和松（油松、华山松）栎林区	3	2	甘肃小陇山森林生态站
III 华东中南亚热带常绿阔叶林及马尾松杉木竹林地区（简称华东中南地区）	14.秦岭南坡大巴山落叶常绿阔叶混交林区	4	—	陕西秦岭森林生态站

（续）

植被气候区	地带性森林类型	规划数	拟建数	已建站
	14.秦岭南坡大巴山落叶常绿阔叶混交林区	4	—	湖北秭归三峡库区森林生态站
				湖北大巴山森林生态站
				湖北神农架森林生态站
	15.江淮平原丘陵落叶常绿阔叶林及马尾松林区	10	2	河南宝天曼森林生态站
				河南鸡公山森林生态站
				江苏长江三角洲森林生态站
				浙江杭嘉湖平原森林生态站
				华东沿海防护林生态站
				浙江天目山森林生态站
				安徽黄山森林生态站
				安徽大别山森林生态站
	16.四川盆地常绿阔叶林及马尾松柏木慈竹林区	2	—	重庆缙云山三峡库区森林生态站
				四川龙门山森林生态站
Ⅲ华东中南亚热带常绿阔叶林及马尾松杉木竹林地区（简称华东中南地区）	17.华中丘陵山地常绿阔叶林及马尾松杉木毛竹林区	11	1	湖南会同森林生态站
				贵州喀斯特森林生态站
				重庆武陵山森林生态站
				贵州梵净山森林生态站
				贵州雷公山森林生态站
				湖南慈利森林生态站
				湖南衡山森林生态站
				湖北恩施森林生态站
				广西漓江源森林生态站
				南岭北江源森林生态站
	18.华东南丘陵低山常绿阔叶林及马尾松黄山松（台湾松）毛竹杉木林区	11	4	江西大岗山森林生态站
				福建武夷山森林生态站
				江西九连山森林生态站
				江西庐山森林生态站
				湖南芦头森林生态站
				浙江凤阳山森林生态站
				浙江钱江源森林生态站
	19.南岭南坡及福建沿海常绿阔叶林及马尾松杉木林区	5	—	广东沿海防护林生态站
				广东南岭森林生态站
				广东东江源森林生态站
				广西大瑶山森林生态站
				广东珠江三角洲森林生态站
	20.台湾北部丘陵山地常绿阔叶林及高山针叶林区	—	—	—

（续）

植被气候区	地带性森林类型	规划数	拟建数	已建站
IV 云贵高原亚热带常绿阔叶林及云南松林地区（简称云贵高原地区）	21.滇东北川西南山地常绿阔叶林及云南松林区	1	1	—
	22.滇中高原常绿阔叶林及云南松华山松油杉林区	2	—	云南滇中高原森林生态站
				云南玉溪森林生态站
	23.滇西高原峡谷常绿阔叶林及云南松华山松林区	3	2	云南高黎贡山森林生态站
	24.滇东南桂西黔西南落叶常绿阔叶林及云南松林区	1	1	—
V 华南热带季雨林雨林地区（简称华南热带地区）	25.广东沿海平原丘陵山地季风常绿阔叶林及马尾松林区	1	—	广东湛江桉树林生态站
	26.粤西桂南丘陵山地季风常绿阔叶林及马尾松林区	1	—	广西友谊关森林生态站
	27.滇南及滇西南丘陵盆地热带季雨林雨林区	1	—	云南普洱森林生态站
	28.海南岛（包括南海诸岛）平原山地热带季雨林雨林区	4	—	海南尖峰岭森林生态站
				海南霸王岭森林生态站
				海南文昌森林生态站
				海南五指山森林生态站
	29.台湾南部热带季雨林雨林区	—	—	—
VI 西南高山峡谷针叶林地区（简称西南高山地区）	30.洮河白龙江云杉冷杉林区	1	—	甘肃白龙江森林生态站
	31.岷江冷杉林区	2	1	四川卧龙森林生态站
	32.大渡河雅砻江金沙江云杉冷杉林区	5	4	四川峨眉山森林生态站
	33.藏东南云杉冷杉林区	1	—	西藏林芝森林生态站
VII 内蒙古东部森林草原及草原地区（简称内蒙古东部地区）	34.呼伦贝尔及内蒙古东南部森林草原区	5	—	河北塞罕坝森林生态站
				内蒙古赤峰森林生态站
				内蒙古特金罕山森林生态站
				内蒙古赛罕乌拉森林生态站
				内蒙古七老图山森林生态站
	35.大青山山地落叶阔叶林及平原农田林网区	1	—	内蒙古大青山森林生态站
	36.鄂尔多斯高原干草原及平原农田林网区	2	1	内蒙古鄂尔多斯森林生态站

（续）

植被气候区	地带性森林类型	规划数	拟建数	已建站
Ⅶ内蒙古东部森林草原及草原地区（简称内蒙古东部地区）	37.贺兰山山地针叶林及宁夏平原农田林网区	2	—	宁夏贺兰山森林生态站
				宁夏吴忠农田防护林生态站
Ⅷ蒙新荒漠半荒漠及山地针叶林地区（简称蒙新地区）	38.阿拉善高原半荒漠区	—	—	—
	39.河西走廊半荒漠及绿洲区	1	—	甘肃河西走廊森林生态站
	40.祁连山山地针叶林区	1	—	甘肃祁连山森林生态站
	41.天山山地针叶林区	3	—	新疆天山森林生态站
				新疆伊犁森林生态站
				新疆西天山森林生态站
	42.阿尔泰山山地针叶林区	1	—	新疆阿尔泰山森林生态站
	43.准格尔盆地旱生灌丛半荒漠区	1	1	—
	44.塔里木盆地荒漠及河滩胡杨林及绿洲区	2	—	新疆塔里木河胡杨林生态站
				新疆阿克苏森林生态站
Ⅸ青藏高原草原草甸及寒漠地区（简称青藏高原地区）	45.青藏高原草原区	4	2	青海大渡河源森林生态站
				青海祁连山南坡森林生态站
	46.青藏高原东南部草甸草原区	—	—	—
	47.柴达木盆地荒漠半荒漠区	—	—	—
	48.青藏高原西北部高寒荒漠半荒漠区	—	—	—
合　计		138	32	106

第二节　中国森林生态系统定位观测研究网络

一、中国森林生态系统定位观测研究网络的布局体系

森林生态站布设应充分体现区位优势和地域特色，重点观测与研究具有区域代表性的关键物种及生态因子，突出水文、土壤、气候、植被的地域典型性与代表性，同时兼顾生态站布局在国家和地方等层面的典型性和重要性，优化资源配置，优先重点区域建设，逐步形成层次清晰、功能完善、覆盖全国主要生态区域的生态站网。

（一）布局思想

通过借鉴美国和印度网络典型的抽样布局思想（National Research Council，2004；Kim E S，2006；Sundareshwar P V，2007），以"行政区划""自然区划"与"森林资源清查公里网格"为森林生态站网规划的数量依据，以"森林分区"为区划原则，以"中国森林生态系

统十字式样带观测网络（NSTEC+WETSC）"为基础，以"一站多能、以站带点"的生态站建站理念作为单个站点与所在区域之间的尺度时空耦合转换的媒介，根据国家生态建设与经济社会发展的需求及其面临的重大科学问题，建立全国典型森林生态区的长期定位观测与研究平台（郑度，1997，2008；黄秉维，1993；张新时，1997）。

根据森林生态站的功能和特点，结合我国优势树种林分类型、自然区划中生态单元植被分布以及森林资源清查公里网格布局，确定森林生态站的规划数量。

1. 依据省级行政单元布局

依据第六次森林资源清查公布的优势树种林分类型统计结果，每个省级行政区平均有15 个左右优势树种。一个森林生态站的观测范围平均能够覆盖约 5 个不同优势树种林分类型，为此，每个省级行政区平均需要布设约 3 个森林生态站。以此推算，需要在全国 31 个行政区布设 90 多个森林生态站才能对不同区域的各优势树种林分类型进行系统观测。

2. 依据"综合自然区划"布局

以黄秉维先生的《中国综合自然区划》和郑度院士的《中国生态地理区域系统研究》为主线，根据气候、水文、土壤、植被、海拔等生态特征将我国分为 49 个生态单元，每个生态单元平均建立 2 个森林生态站进行对照观测。因此，需要在全国范围内建立 90 多个森林生态站。

3. 依据森林资源清查公里网格布局

我国从 20 世纪 70 年代起始每隔 5 年进行一次 41.5 万个公里网格固定样地的森林资源连续清查，并逐步发展成为世界上对不同复杂森林生态系统类型较为系统、准确和科学的资源监测体系之一。在掌握以往查清森林资源面积、蓄积量、生长消耗及其动态变化的基础上，要做到全面反映森林质量、森林健康、生物多样性，特别是森林固碳、涵养水源、保持水土、土地退化状况等生态服务功能方面内容，就需要在全国范围内主要森林类型和典型区域布设相应的森林生态站。依据每个森林生态站平均辐射 1000 ~ 4000 个公里网格推算，需要在全国范围内建立约 100 个森林生态站。

（二）布局原则

以"行政区划""自然区划"与"森林资源清查公里网格"为确定森林生态站规划数量的依据，采用《中国森林》中森林分区的原则，根据国家生态建设的需求和面临的重大科学问题，以及各生态区的生态重要性、生态系统类型的多样性等因素，在每一个 II 级区中平均布设 2 ~ 3 个森林生态站，重点区域布设 4 ~ 6 个森林生态站，并针对区域内地带性森林类型（优势树种）的观测需求，明确优先建设的拟建森林生态站名称和地点（注：地处台湾的 II 级区不参与本次规划）。在站点选择方面，要优先考虑国家级或省级自然保护区、森林公园等，其次是国有林场，不宜建在集体林区或私有林区。

森林的分布从赤道到两极表现出规律性分布，依次为热带雨林、季雨林、常绿阔叶林、落叶阔叶林、北方针叶林、森林冻原和冻原；而由于海陆分布格局和大气环流的影响，水分梯度由沿海向大陆深部逐渐降低，依次出现湿润的森林、半干旱的草原和干旱的荒漠景观（图 1-1）。与水平梯度相对应的垂直带谱是山地季雨林、山地常绿阔叶林、落叶阔叶林、针阔混交林、针叶林、高山矮曲林、高山草原与高山草甸、永久冻土带（图 1-2）。

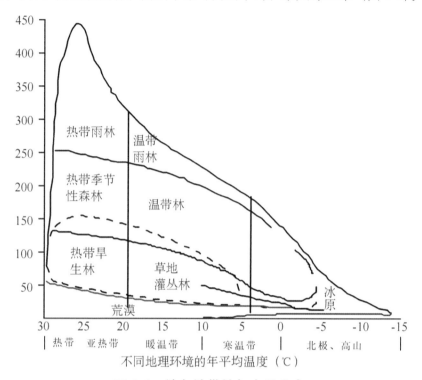

图 1-1　纬向地带性与森林分布

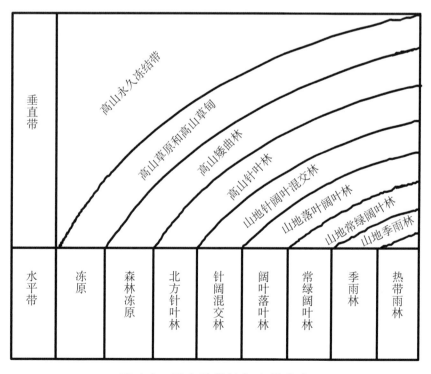

图 1-2　垂直地带性与森林分布

为突出地域分异规律、侧重不同森林气候带，建立了综合观测样带。从南到北、从东到西，结合热量变异和水分驱动变异（图1-1、图1-2），构建"十字样带"观测网络（NSTEC+WETSC）（图1-3）。中国东部南北样带（NSTEC）的主体，从东经108°～118°沿经线由海南岛北上到北纬40°，然后向东错位10°，再由东经118°～128°往北到国界。2000年5月，该样带被IGBP列为第15条标准样带。南北跨越3500千米，具有明显的热量梯度与水热组合梯度，同时还具有土地利用强度的变化。中国南部东西样带（WETSC）规划涵盖北纬25°～35°范围（长江流域），世界同纬度地带多为沙漠，仅有东南亚地区由于受喜马拉雅山脉隆升的影响，形成了同纬度地区的"常绿阔叶林带"。

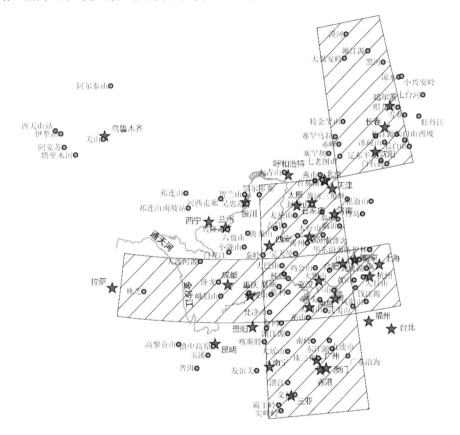

图1-3　中国东部南北样带（NSTEC）和中国南部东西样带（WETSC）

为进一步探讨区域水平的生态系统结构和功能规律，有必要在一个森林生态站内建立从站到点的小样带模式，即采取"一站多能、以站带点"的建站方针。例如，海南生态观测"一站三点"的建站模式以及江西赣江流域的庐山—大岗山—井冈山—九连山小样带。

二、中国森林生态系统定位观测研究网络的建设内容

森林生态站站网设施建设等内容以满足国家和林业发展需求为目标，以完善站点布局为基础，以提升站网设施水平为重点，以提高观测研究能力为核心，以机制创新、科技创新为动力，以数据质量、标准规范为保障，按照"分阶段布局、分层次建设"的思路，加快完

成所有新建站点的建设和现有站点的升级改造，逐步建立达到基本观测要求、符合野外工作条件、具备试验研究能力的森林生态站，形成布局合理、类型齐全、条件完备、机制完善、覆盖全国主要生态区域的生态站网，为现代林业建设提供科技支撑，为国家生态建设提供决策依据。

（一）新站建设

根据国家标准《森林生态系统长期定位观测研究站建设规范》（GB/T 40053—2021）和《森林生态系统长期定位观测指标体系》（GB/T 35377—2017）的规定，森林生态站主要建设内容见表1-2。

表1-2　森林生态站主要建设内容

主要建设项目	主要建设内容
野外综合实验楼	基地拥有框架或砖混结构综合实验楼，建筑面积600平方米，设数据分析室、资料室、化学分析实验室、研究人员宿舍等
森林水文观测设施	森林集水区：建设面积为10000～2000000平方米的自然闭合小区
	水量平衡场：选择一个有代表性的封闭小区，与周围没有水平的水分交换
	对比集水区或水量平衡场：建设林地和无林地两个或多个相似的场，其自然地质地貌、植被与试验区类似，其距离相隔不远
	集水区及径流场测流堰建筑：三角形、矩形、梯形和巴歇尔测流堰必须由水利科学研究部门设计、施工而成；对枯水流量极小、丰水流量极大径流的测流堰，可设置多级测流堰或镶嵌组合堰
	水土资源的保持观测设施：设置林地观测样地300米×900米，在样地内分成30米×30米样方
森林土壤观测设施	选择具有代表性和典型性地段设置土壤剖面，坡面分别在坡脊、坡中、坡底设置
森林气象观测设施	地面标准气象站：观测场规格为25米×25米或16米（东西向）×20米（南北向）（高山、海岛不受此限制），场地应平整，有均匀草层（草高<20厘米）
	森林小气候观测设施：观测场面积16米×20米，设置自动化系统装置
	观测塔：类型为开敞式，高度为林分冠层高度的1.5～2倍，观测塔应安装有避雷设施
森林生物观测设施	森林群落观测布设：标准样地、固定样地、样方的建立
	森林生产力观测设施设置：径阶等比标准木法实验设施设置、森林草本层生物量测定设施设置、森林灌木层生物量测定设施设置
	生物多样性研究设施设置：森林昆虫种类的调查试验设置、大型兽类种类和数量的调查试验设置、两栖类动物种类和数量的调查试验设置、植物种类和数量的调查试验设置
数据管理配套设施	数据管理软硬件设施设置：配备数据采集、传输、接收、贮存、分析处理以及数据共享所需的软硬件：如电脑、服务器、打印机、刻录机等；可视化森林生态软件包（Systat）等数据库处理软件；网络相关设施等

（二）现有生态站的升级与改造

森林生态站运行的设施和仪器设备大都部署在野外，面临损耗较大、损坏较易、维护任务重等问题。升级改造主要针对建站历史较长、现有条件较差的已建站点，为适应发展形势的需求，逐步对损坏的仪器设备进行维护、修理，对软、硬件设备进行更新改造，对观测基础设施等研究条件进行维护。根据生态站基础设施、仪器设备的实际情况和林业科技需求，逐步对现有生态站进行升级和改造，形成由常规站、重点站组成的森林生态站网络体系。

1. 常规站

符合生态站建设技术要求，具备常规的观测仪器设备及基础设施，在观测指标和质量方面基本达到生态系统定位观测指标体系等标准规范的要求，具有稳定的科研队伍，能够完成生态站网各项管理考核指标，满足跨站网研究项目基本要求的生态站。

2. 重点站

区域典型性、代表性和地域特色明显，具备国内外较为先进的仪器设备和一流的人才队伍，能够紧跟国际研究发展潮流，吸引一大批国内外高水平科研人员在此平台上从事研究工作的生态站。重点站对于研究和回答林业建设的重要科学问题、维护国家生态安全、推动现代林业建设、实现林业可持续发展具有不可替代的支撑作用。

对于常规站要予以必要支持。加强现有生态站的观测能力建设，提升观测技术水平，根据科学前沿和林业生态建设的现实需求，不断改善生态站的观测基础设施和观测数据采集的自动化程度，条件符合的最终达到重点站建设水平。

对于重点站要予以重点扶持。以国际著名、重要的野外科学基地建设水平为目标，紧跟长期生态学研究前沿，参照数字化生态站建设规范和标准，以数据高精度稳定自动采集和数据安全传输储存为主的仪器设备更新改造为重点，把重点站建成观测研究设施先进、功能完善、国内一流、国际知名的高水平陆地生态系统观测研究平台，在解决重大林业和国家生态建设方面的问题中发挥重要作用。

常规站与重点站主要建设内容见表1-3。

表1-3　常规站与重点站主要建设内容

主要建设内容	常规站	重点站
野外综合实验楼	改扩建综合观测楼，建筑面积可达600平方米	改扩建综合观测楼，建筑面积可达1000平方米
	补充分析实验室仪器设备	（1）改扩建实验室 （2）补充分析实验室仪器设备
水文观测设施	（1）更新水量平衡场观测设施 （2）更新测流堰观测仪器	（1）更新水量平衡场观测设施 （2）更新测流堰观测仪器 （3）维修、增加集水区、径流场及水量平衡场 （4）设置多级测流堰或镶嵌组合堰

（续）

主要建设内容	常规站	重点站
土壤观测设施	（1）维护土壤养分观测样地 （2）土壤水分观测样地	（1）维护土壤养分观测样地 （2）土壤水分观测样地 （3）土壤碳通量观测样地
气象观测设施	（1）更新地面标准气象站与国家气象局联网 （2）增加大气成分观测系统	（1）更新地面标准气象站与国家气象局联网 （2）增加大气成分观测系统 （3）碳通量观测系统 （4）紫外线观测系统
生物观测设施	（1）维护现有观测样地 （2）生物多样性观测样地 （3）更新主要观测仪器	（1）维护现有观测样地 （2）建立大样地 （3）野外分析实验室建设
数据管理 配套设施	（1）便携数据采集设备 （2）宽带传输数据系统	（1）便携数据采集设备 （2）宽带传输数据系统 （3）卫星远程传输装置 （4）局域联网设备 （5）计算机 （6）服务器等

三、中国森林生态系统定位观测研究网络的研究领域

中国森林生态系统定位观测研究网络以十字式网络定位观测为基础，从个体、种群、群落和系统四个水平上同步对森林生态系统结构和功能进行长期、连续、全面的观测，揭示森林生态系统组成、结构与气候环境之间的关系及其与生态系统功能的耦合关系，进一步确定森林生态系统在生态环境建设中的作用和地位，为生态文明建设提供理论依据及技术支撑。通过定位研究，应用现代天地空一体化观测技术，采用生态梯度的耦合研究方法，深入研究生态环境变化与森林生态系统组成、结构、功能之间的相互影响与响应机制与机理。目前，主要的研究领域可概括为以下几方面：

（一）森林生态系统与全球气候变化的相互作用机理

在叶片、单株、群落尺度上，通过生态系统长期定位观测，研究植被水分和全球气候变化之间的关系；利用遥感、数值模拟等手段，获取不同时期植被、气象、水文、土壤数据信息，重建长时间序列流域植被特征参数，揭示典型生态系统在水分和温度梯度上的分布格局与响应规律。基于过程的分布式模拟手段，以生态系统水文循环为主要过程，充分耦合同期的植被生长和生产力形成过程、同期土壤碳的分解与形成过程；以系统水量平衡和碳素平衡为中心，探讨这两个关键过程的协变机制及其对气候变化的响应机制（韩春等，2019）。

（二）中国森林净生产力多尺度长期观测与评价的指标和方法体系研究

基于森林生态站长期观测数据，以遥感和GIS等现代信息与数据处理技术为研究手段，通过林分净生产力（net primary productivity，NPP）的实际观测，构建中国主要森林生态系统NPP实测数据集；探讨森林NPP从林分、景观、区域到全国范围多尺度的转换技术；结

合森林生态站长期定位观测数据，依托全国Ⅰ、Ⅱ类森林资源清查、调查监测数据（蓄积量、树种组成、年龄等），建立中国森林 NPP 多尺度观测与评价指标体系，揭示中国森林 NPP 的空间分布格局和区域分异规律（赵俊芳等，2018）。

（三）多途径、多尺度森林生态系统固碳能力观测与评价

基于森林生态站网已有的碳储量与碳通量观测研究设施，采用材积源生物量法（biomass expansion factor，BEF）、生物量和生产力样地实测法、涡度相关通量观测法（net ecosystem exchange，NEE），系统研究典型森林生态系统碳储量及年际动态变化，探索典型森林生态系统固碳能力的环境响应机理，比较分析 BEF、NPP、NEE 3 种方法在研究森林碳收支中的差异，获取典型森林生态系统的碳平衡与碳汇数据，创新性地开展森林生态系统固碳效益的集成监测与评价技术研究（杨洪晓，2005；吴庆标，2008）。

（四）森林生态系统土壤碳固持潜力评价与调控

以生态系统长期定位观测为手段，对我国典型森林生态系统土壤碳固持潜力进行精确、系统地评价，从过程机理上准确揭示土壤呼吸及其三个生物学过程、凋落物转化以及经营干扰等因素对我国森林土壤有机碳分布格局的影响。研究典型森林生态系统土壤碳储量及碳密度精确评估方法；森林生态系统土壤各分室碳通量及贡献；经营干扰对森林土壤有机碳格局动态的影响。利用"3S"技术构建一套中国森林生态系统土壤有机碳数字化分析和决策支持信息系统（方华军，2007）。

（五）基于稳定同位素技术的生态系统关键过程观测

利用稳定同位素技术对碳交换、水分、氮素循环进行研究，揭示生态系统土壤、植物和大气中 ^{13}C、$^{18}O/^{2}H$ 和 ^{15}N 的季节动态。掌握不同空间尺度（从叶片、冠层、种群、群落、生态系统）和时间尺度的碳、氮、水关键过程对全球变化的响应。研究稳定同位素技术在典型生态系统的碳、氮、水循环及其对全球变化的响应。

四、中国森林生态系统定位观测研究网络的标准体系建设

20 世纪 80 年代以来，全球生态环境急剧恶化，随着人们对全球气候变化等重大科学问题的日益关注，以及网络和信息技术的快速发展，国际上先后提出了多个大型长期研究计划，诸多国家和地区也相继建立了专门的长期生态研究网络，在研究资金、人员、设备等方面的相对稳定和大力的投入推动下，长期生态研究在世界范围内迅速发展（Gose，1996；Vaughan et al.，2001；傅伯杰等，2002），各类型生态系统研究和监测网络相继成立。随着监测网络的建设和发展，生态系统长期观测的规范化、标准化问题也逐渐提到了议事日程。

尤其对于中国森林生态系统定位观测研究网络来说，它是一个在国家尺度上生态站数量最多的中国陆地生态系统定位研究网络，其在建站、观测指标、运行管理等方面的标准化意义更加日显突出。经过 20 多年建设，已经制定形成森林生态站网标准化体系，包括森林

生态站的建站、运行管理、观测指标体系、观测方法、数据管理和数据应用等16项中华人民共和国林业行业标准，其中，3项行业标准上升为国家标准。

（一）森林生态站网建设技术规范

森林生态站网建设技术规范从森林生态站建设技术要求和森林生态站数字化建设两个方面开展标准化研究，主要包含《森林生态系统长期定位观测研究站建设规范》（GB/T 40053—2021）、《森林生态站数字化建设技术规范》（LY/T 1873—2010）。

（二）森林生态站网长期定位观测指标体系

森林生态系统定位观测指标体系的制定是统一和规范森林生态站定位观测的前提，在制定全国范围内的观测指标的基础上，由于我国幅员辽阔，这种面向全国范围的森林生态系统定位观测指标体系，不可避免地出现对不同气候带森林生态系统的特殊性体现不足。因此，应根据不同气候带森林生态系统的特点，研建不同气候带森林生态系统定位观测指标体系，为同一气候带间森林生态站开展联网研究奠定基础。另外，我国的一些特殊区域，如干旱半干旱区、青藏高原区和喀斯特地区，生态系统有其特殊性。为研究这些特殊区域的环境问题，以及森林对这些区域环境问题的影响，需要开展区域性联网研究（王兵，2010）。因此，在全国范围的森林生态系统定位观测指标体系框架下，应根据这些区域的特殊性，研建区域性森林生态系统定位观测指标体系。主要标准有《森林生态系统长期定位观测指标体系》（GB/T 35377—2017）及相关行业标准、《热带森林生态系统定位观测指标体系》（LY/T 1687—2007）、《干旱半干旱区森林生态系统定位监测指标体系》（LY/T 1688—2007）、《暖温带森林生态系统定位观测指标体系》（LY/T 1689—2007）、《寒温带森林生态系统定位观测指标体系》（LY/T 1722—2008）。

（三）森林生态站网长期定位观测方法

观测方法是开展定位观测研究的技术关键，制订统一的观测规范或方法是真正使分散的定位研究网络化的根本保证。因此，森林生态系统长期定位观测方法应整合国内外经典的观测方法和先进的仪器设备，采取系统解决思路，从森林生态系统气象观测、森林生态系统水文观测、森林生态系统土壤观测和森林生态系统生物观测等方面开展标准化研究。代表性标准有《森林生态系统长期定位观测方法》（GB/T 33027—2016）。

（四）森林生态站网数据管理规范

研制森林生态系统定位观测数据管理规范的目的在于统一森林生态系统定位观测的数据管理行为和保存科学观测数据，为实现森林生态系统联网研究、回答林业重大科学问题等提供数据支撑。因此，森林生态系统定位观测的数据管理应以系统解决思路，科学划分各种观测数据，利用国内外先进的数据管理技术，吸收和采纳国内外数字化、智能化建设和管理的先进经验与成果，根据森林生态系统定位观测研究的特点开展标准化研究。代表性标准有《森林生态系统定位研究站数据管理规范》（LY/T 1872—2010）。

（五）森林生态站网数据应用标准

数据应用是森林生态系统定位观测数据的最终成果体现。因此，应在森林生态学研究的基础上，综合运用生态学、经济学理论和方法，以科学评价森林生态系统对于生态环境的作用，科学、系统地评估森林生态系统的服务功能为目标，以当代科学现状和需要为基础，兼顾未来林业科学发展的需求等开展标准化研究。代表性标准有《森林生态系统服务功能评估规范》（GB/T 38582—2020）。

第三节　"互联网＋"及其相关信息技术

一、"互联网＋"的产生背景

"互联网＋"的产生与互联网技术的发展密不可分，其产生的过程和历史阶段如图 1-4 所示。

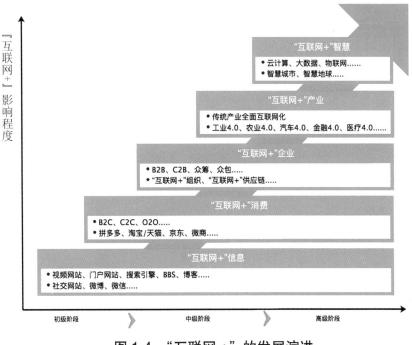

图 1-4　"互联网＋"的发展演进

1995 年，互联网技术率先引发了通信领域的变革和创新，当时从事通信领域的科研工作者基于朴素的跨地域通信需要，建立了初始的互联网通信环境，并在此基础上产生了电子邮件、网络社区和在线新闻发布等简单形式的技术产品，这些技术产品解决了传统信息交流时间和空间的限制，使得人们能够更加容易和快捷地完成信息交流。

2003 年，随着互联网在安全、可靠性等方面的不断完善，一些企业家将传统的线下交易调整为互联网环境下的在线交易，产生了一系列影响范围较广的电子商务平台，如国外的 Ebay、Amazon 以及国内的 Alibaba 等。

2008 年，随着信息化硬件成本的不断下降，互联网环境下的硬件基础设施日益完善，但硬件资源的使用效率较低，而且硬件数量的增多并未真正提高软件系统的运行效率，反而使得软件系统条块化更加明显，业务数据难以共享和协同，并呈现数据孤岛现象。因此，在互联网硬件丰富的情况下，为充分发挥硬件资源的效能，出现了云计算等技术，利用虚拟化技术，将物理上分散的硬件设施虚拟成逻辑上统一的硬件环境，并根据软件系统的硬件需求，按需提供可扩展的网络资源、计算资源和存储资源，进而提高互联网环境下硬件的使用效率。

与云计算先后产生的另一类技术是大数据技术，其产生背景与云计算相似，在硬件成本下降的前提下，解放了软件的数据存储约束，但互联网中的各类信息大量充斥，其信息资源总体上呈现规模数量大、数据种类多样、实际价值密度低等特征。此时，人们可以在互联网环境下搜索到更多相关信息，但带来的弊端是得到的大部分信息是往往没有通过整合而变成无关信息和过时信息。此时，传统的信息检索技术和信息组织模型已然无法适应互联网数据的变化，如何有效地组织信息资源，并在信息资源中快速发现相关的信息是当时互联网环境下的主要问题。大数据技术是一类信息技术的整合，其产生为互联网环境下数据组织和数据处理提供了解决途径。它以分布式计算为基础，将需要组织和处理的模型分配到不同的处理单元中，并行的执行数据的存储和复杂问题的求解，从而提高互联网数据的存取和处理效率。

借助互联网技术，物联网技术应运而生。物联网技术采用互联网中信息通信的思维和方法，实现了物与物之间的信息共享和信息处理。随后相继产生了一系列与物联网相关的词汇，如"万物互联""工业 4.0""智慧地球""感知中国"等（邬贺铨，2020；闫纪红等，2020；李德仁等，2010）。

在互联网技术不断成熟的情况下，我国政府敏锐地发现互联网技术对各领域的推动作用，发布了一系列推动互联网与各行业融合的建议和规划，进而产生了"互联网＋"的概念。

在十二届全国人大三次会议的政府工作报告中，李克强总理首次提出"互联网＋"行动计划，推动移动互联网、云计算、大数据、物联网等技术与现代制造业结合，促进电子商务、工业互联网和互联网金融（ITFIN）健康发展，引导互联网企业拓展国际市场。

回顾上述互联网技术的发展历程以及"互联网＋"的产生背景，"互联网＋"已经不仅仅是互联网技术的一种应用，而是推动各行业创新协调发展的国家战略。我国传统行业急需积极地与"互联网＋"深度融合，提高行业信息的共享能力和利用效率，解决行业存在的各类突出问题，推动行业快速发展。

二、"互联网＋"的定义

目前，有关"互联网＋"的定义较多，但归纳后分为两类定义：一类是政府报告中"互联网+"的定义；另一类是行业角度的"互联网+"的定义。

在《国务院关于积极推进"互联网+"行动的指导意见》（国发〔2015〕40号）文件中，国务院指出，"互联网+"是把互联网的创新成果与经济社会各领域深度融合，推动技术进步、效率提升和组织变革，提升实体经济创新力和生产力，形成更广泛的以互联网为基础设施和创新要素的经济社会发展新形态（綦成元等，2015）。

腾讯CEO马化腾对"互联网+"的定义是，以互联网凭条为基础，利用信息通信技术与各行业的跨界融合，推动产业转型升级，并不断创造出新产品、新业务与新模式，构建连接一切的新生态。

中国互联网技术联盟指出"互联网+"是指利用互联平台、物联技术、智能化技术、大数据技术，把互联网和传统各行各业结合起来，从而创造出新业态、新商业模式、新增值业务。

上述定义虽然从不同角度阐述了"互联网+"的定义，但所表达的内涵是一致的，均强调"互联网+"不仅仅是互联网环境中云计算、物联网、大数据和移动计算等新形态的信息技术，而是要将这些新形态的技术与各领域深度融合，发挥信息技术在信息开放共享、业务高效协同以及公共惠民服务等方面的突出优势，改善各个领域普遍存在的信息孤岛、业务条块分割以及公共服务能力差等问题，从而为传统行业注入新的活力，激发领域产生新的模型、新的范式以及新的结构，形成以互联网为基础的社会创新型发展的新形态。因此，通俗地讲，"互联网+"就是"互联网+各个传统行业"，但这并不是简单的两者相加，而是利用信息通信技术以及互联网平台，让互联网与传统行业进行深度融合，创造新的发展生态（阿里研究院，2015）。

三、"互联网+"的应用层次

目前，在许多领域，如金融、物流、健康、教育、媒体等领域，都基于"互联网+"行动纲要的指导意见建立了各自领域的信息化规划的顶层设计，并在一些与民生服务相关的环节开展了示范性改造工作，相继出现了"互联网+"金融、"互联网+"工业、"互联网+"健康教育、"互联网+"物流、"互联网+"能源的成熟技术产品，初步实现了"互联网+"领域的融合工作，为本领域与"互联网+"相关技术的深度融合以及其他领域开展"互联网+"的融合工作提供重要的依据和指导（李伯虎等，2020）。

在不同行业中，信息技术水平的高低决定了"互联网+"的新形态信息技术与领域融合差异。结合目前各领域的信息化应用高水平，"互联网+"与领域融合划分为3个层次，分别是数字化层次、信息化层次和智慧化层次（李培楠，2014）。

（一）数字化层次

数字化层次为"互联网+"的新形态技术与行业融合的最低层次，适用于信息化程度较低的领域。这些领域的特点是领域的业务数据一部分以数字化形式规范地存储在计算机中，而另一部分数据以文件或者其他形式存在。面对这类领域，应根据业务流程建立数据规范化存储模型，然后利用该存储模型对现有数据资源进行升级，对未被数字化的资源进行整合，形成涵盖领域业务需求的规范化数据资源。当领域具有规范化的数据资源后，可进入"互联网＋"新形态技术与网络融合的第二个层次，即信息化层次。

（二）信息化层次

信息化层次为"互联网＋"的新形态技术与行业融合的中间层次，适用于信息化程度一般的领域。这些领域的突出特点是已经具有了相对完整和规范的数据资源，并已建立了相对完善的业务应用系统。在这一层次中，需要通过"互联网＋"的新形态技术，进一步积累与领域业务相关的各类信息，形成与领域决策相关的海量数据资源，开展数据分析与挖掘工作，形成可用于各类业务决策支持的辅助信息，提高各项业务决策的科学性和智慧性。同时，应逐渐开放本行业掌握的数据资源，为实现"互联网＋"新形态技术与行业融合的第三个层次——跨部门和跨行业的万物互联和业务协同创新奠定基础。

（三）智慧化层次

智慧化层次为"互联网＋"的新形态技术与行业融合的最高层次，适用于信息化程度较高的领域。这些领域的突出特点是已经积累了海量的数据资源，并且能够充分利用这些数据资源驱动行业的科学决策。在这一层次中，需要更加广泛地通过"互联网＋"的新形态技术，进而打通跨部门和跨领域的数据共享和业务系统，形成各部门和领域间业务自动衔接、数据高效交互的局面。

目前，大部分领域处于"互联网＋"的新形态技术与行业融合的初级阶段或中级阶段。为实现"互联网＋"的新形态技术与行业融合的高级阶段，还需依据行业特点，积极探索"互联网＋"的新形态技术与行业融合的突破点。

农业部门、气象部门和环保部门都纷纷从"互联网＋"的新形态技术中找到了解决上述问题的突破口。在森林生态监测领域，可借鉴上述部门融合经验，将"互联网＋"的新形态技术与森林生态监测领域进行深度融合，发挥物联网、云计算、大数据分析等信息技术在森林生态监测过程中的重要作用。

四、"互联网＋"的相关信息技术

目前，"互联网＋"的相关信息技术（图1-5）主要包括：云计算技术、物联网技术和大数据技术。

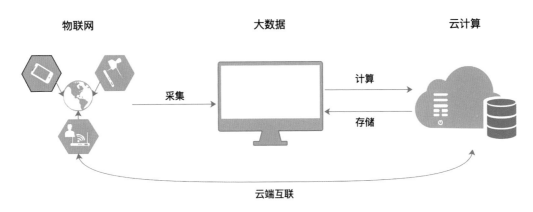

图 1-5 "互联网 +"相关信息技术及其之间的关系

（一）云计算技术

1.云计算的定义

2006 年 8 月 9 日，谷歌首席执行官埃里克·施密特（Eric Schmidt）在搜索引擎大会（SES San Jose 2006）首次提出"云计算"（cloud computing）的概念，目前有 20 多种定义，比较公认的是美国国家标准与技术研究院（NIST）的定义，即：

云计算是一种可以通过网络方便地接入资源共享池、按需获取计算资源（这些资源包括：网络、服务器、存储、应用、服务等）的服务模型。资源共享池中的资源可以通过较少的管理代价和简单业务交互过程而快速部署和发布。

云计算是互联网环境下的一种按需提供资源服务的模式。在云计算环境下，服务的提供者提供各类资源，服务的使用者通过服务订阅的方式，从服务的提供者那里获取所需的服务资源，并按照资源的使用情况向服务提供者付费。有了云计算，广大用户无需自购软、硬件，甚至无需知道是谁提供的服务，只关注自己真正需要什么样的资源或者得到什么样的服务。

云计算的最终目标就是让计算变成像水、电、煤气一样的基础设施，人们可以像购买水、电、煤气一样购买计算服务，因此，可以说云计算重新定义了 IT 软硬件资源的设计和购买的方式，从而引发 IT 产业的大规模变革（图 1-6）。

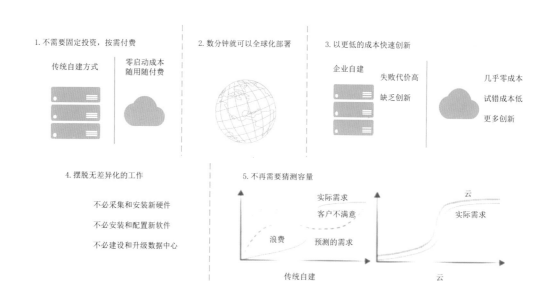

图 1-6　云计算的优势

2.云计算的特点

按需提供服务：以服务的形式为用户提供应用程序、数据存储、基础设施等资源，并可根据用户需求自动分配资源。

多终端宽带网络访问：用户可以通过各种终端随时随地通过互联网访问云计算服务。

资源池化：资源以共享资源池的方式统一管理。利用虚拟化技术，将资源分享给不同用户。

高可伸缩性：服务的规模可快速伸缩，以自动适应业务负载的动态变化。

可量化的服务：云计算中心都可以通过监控软件监控用户的使用情况，并根据资源的使用情况对服务计费。

（二）物联网技术

物联网（the Internet of things，IOT），简单来说就是物物相联的网络，它是指通过信息传感设备，按照约定的协议，把任何物品与互联网连接起来，进行信息交换和通信，以实现对物品的智能化识别、定位、跟踪、监控和管理的一种网络（图 1-7）。

因此，物联网突破了以前只能人与人、人与机器、机器与机器互联的信息传递模式，使得物与物之间也可以通过网络彼此交换信息、协同运作、相互操控。

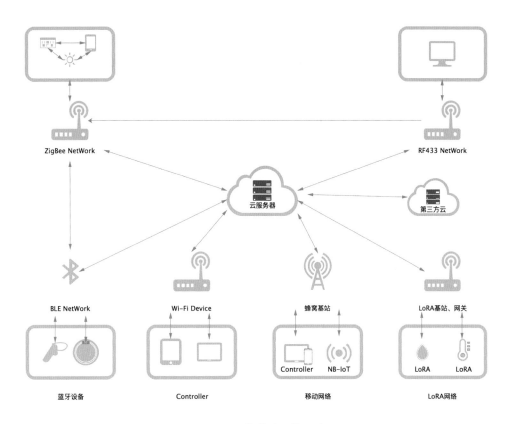

图 1-7 物物相联示意

可见，物联网的核心和基础仍然是互联网，是对互联网的延伸和扩展，它是将互联网扩展到物与物连接的网络。在物联网环境下，连接的端点可以是互联网上的各种设备，也可以是具有感知功能的事物。人们可以直接通过物联网对连接到物联网上的事物进行远程管理，物联网上的事物可以根据周围环境的感知信息更加智能地为用户提供服务。实际上，物联网技术的发展得益于互联网技术的发展以及移动计算的发展，移动计算可以使人们通过手机完成原来必须通过电脑或专用设备完成的复杂工作，互联网技术的发展使得事物与事物间的通信方式更加多样，便于在各类环境下实现物与物的通信和协作。同时，互联网通信协议的不断完善以及通信保障手段的不断产生也使得物与物间的可靠通信成为可能。

（三）大数据技术

1.大数据的定义

目前，大数据没有公认的定义。一般泛指数据集的大小超过当前主流软件在合理时间内完成获取、存储、管理和分析的能力范围。一般 PB 级及以上数据。

2.大数据的特点

大数据具有 4V 特征，即：

（1）Volume（规模大）：是从数据规模的角度描述大数据的，数据体量非常大（图 1-8），可以从数百 TB 到数百 PB，甚至到 EB 的规模，一般超过 PB 级。

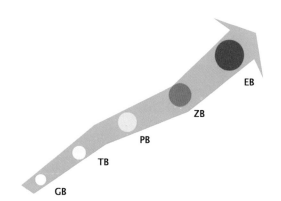

2006年，个人用户才刚刚迈进TB时代。全球共产生了180EB的数据

2011年，这个数据达到了1.8ZB

市场研究机构预测：到2020年，整个世界的数据总量将会增长44倍。达到35.2ZB（1ZB=10亿TB）

图 1-8　大数据的庞大数据规模

（2）Variety（类型多）：大数据不仅具有结构化数据，而且还有非结构化数据（图 1-9），据统计，10% 的数据为结构化数据，比如二维表格数据，90% 的数据为非结构化数据，比如图像、音频、视频等。

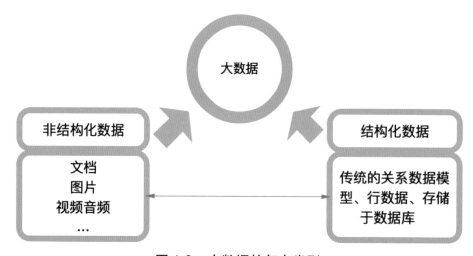

图 1-9　大数据的复杂类型

（3）Velocity（速度快）：数据处理速度快是从数据的产生和处理的角度描述大数据（图 1-10）。一方面，现阶段每分钟产生大量的社会、经济、政治和人文等领域的相关数据，比如百度每分钟可以产生 90 万次搜索查询。另一方面大数据时代的很多应用，效率是核心，需要对数据具有"秒级"响应，从而进行有效的商业指导和生产实践，比如，谷歌的 Dremel 系统，可扩展到成千上万的 CPU 上运算，2 ~ 3 秒能完成 PB 级别数据的查询。

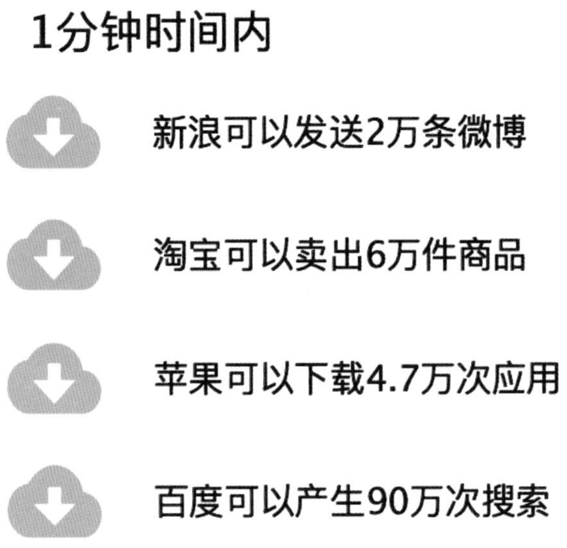

1分钟时间内

 新浪可以发送2万条微博

 淘宝可以卖出6万件商品

 苹果可以下载4.7万次应用

 百度可以产生90万次搜索

图 1-10　高速的数据产生与处理示例

（4）Value（价值密度低）：数据价值密度低是从大数据潜藏的价值分布情况描述大数据。虽然大数据中具有很多有价值的潜在信息，但其价值的密度非常低，有价值的信息分布在海量的数据中。以视频为例，连续不间断监控过程中，可能有用的数据仅仅有一两秒，密度很低，但是具有很高的商业价值。

3. 大数据技术

大数据技术是在大数据环境下各类数据管理技术，主要包括大数据清洗技术、大数据组织技术、大数据分析技术、大数据可视化技术等。

大数据清洗技术的主要工作是将多个来源的数据按照数据的标准格式对数据进行标准化处理，去除源数据中不符合要求的异常数据或调整源数据中精度冗余的差异数据，同时对于某些缺失的数据，通过统计分析、模型分析等手段实现数据的插补。

大数据组织技术的主要工作是实现清洗后大数据的分布式可靠存储，以及面向使用提供负载均衡的数据查询和数据修改工作。

大数据分析技术是在大数据存储结构的基础上，通过分布式计算模型，形成适用于大数据环境下的各类数据分析算法，实现对大数据资源的高效分析。

大数据可视化技术是将分析结果以更加易于理解的形式呈现出来，如表格、曲线、统计图等，便于分析人员及时发现隐藏在数据背后的规律和机制。

随着"互联网＋"与行业应用不断融合，更多行业的业务数据和事务数据都将呈现大数据特征，如何在现有大数据技术的基础上，面向不同领域，建立差异化的大数据技术，是推动"互联网＋"与行业融合的关键（张继旺，2017）。

第四节　"互联网＋生态站"解决方案

一、森林生态监测存在的主要问题

随着观测设备的材料和观测技术的发展，森林生态监测的设备不断改进，监测水平不断提高。在气象领域和水土领域中，许多观测设备已可以实现观测数据的定期采集，并可以对观测后的高频数据进行降频处理，从而获得可用于生态效益评价、生态学研究的基础生态数据。随着森林生态监测内容的不断丰富，观测指标频度不断增加，导致森林生态领域的研究人员和从业人员积累了大量可用于分析和挖掘的生态观测数据。为实时、高效获取生态观测数据以及在此基础上进行科学分析和挖掘，展示背后潜藏的生态规律和生态价值，森林生态监测工作还需解决的技术问题包括以下三个方面：

（一）森林生态观测数据的采集与传输问题

现有新型观测设备将主要的创新集中在设备的改革上，对于观测设备收集得到的观测数据并未提供便捷的输出方案，通常将数据集中存储在存储卡中，科研人员必须定期将存储卡（如 SD 卡、CF 卡等）中内容导出，并将清空的存储卡重新插入到设备中。这种观测数据的导出方式不仅费时费力，而且存储数据的质量经常会因存储卡的损坏而受到影响。目前，一些厂家虽然通过外接发射设备的方式，将采集的数据通过 GPRS、3G/4G 等网络实时传输到目标服务器中，但不同厂商的外接发射设备昂贵，且与其他厂商的观测设备无法兼容，因此，当前由厂商提供的通信传输方式并不具有推广意义，在森林生态站中的实际应用价值较低。

（二）森林生态观测数据的集成与存储问题

现有生态观测设备通常提供了 Excel 表格类型数据文件、文本文件等导出方式，这样，多数生态观测数据被割裂地存储在不同的数据文件中。这种使用 Excel、CSV 等表格文件存储观测数据虽然便于进行简单统计和分析等工作，但随着观测数据量的增大，现有数据文件存储格式在数据存取效率上存在极大问题，同时，不便于进行观测数据的共享和协同，也不便于在观测数据基础上开展更深层次的、更复杂的数据分析和挖掘处理工作。针对以上问题，一些学者通过关系数据库对其研究的小范围生态监测内容进行了数据建模研究，构建了小规模的生态监测数据库。但随着观测设备的不断更新和发展，小规模数据库仍存在存储效率问题、大规模数据分布式存储问题、计算效率问题、数据可靠性问题等，解决上述问题对森林生态监测业务转型和优化具有重要意义。

（三）森林生态观测数据分析与应用问题

林业工作者对森林生态观测数据的使用程度和挖掘深度正在不断加强。使用者期望在掌握更加丰富的生态观测数据的同时，挖掘出满足目标需求的结果或抽象出能够准确预测某一指标随时间变化的规律。需要根据问题的实际需求，研制相应的数据统计模型、数据挖掘模型、模式识别方法、人工智能模型等，同时需要解决以上模型用于海量生态观测数据的分析时的并行化问题、计算效率问题、精度问题、可视化问题等。

二、"互联网＋生态站"及其技术路线

（一）"互联网＋生态站"的定义

中国林业科学研究院森林生态环境与保护研究所首席专家王兵研究员、北京林业大学信息学院院长陈志泊教授以及相关研究团队，在长期的合作研究和实践中，首次提出并定义了"互联网＋生态站"的相关概念，在国内率先开展了"互联网＋生态站"的相关研究，对其概念、特征、实现技术路线、体系结构等方面进行了严格的定义和详细的论述，并对具体的计算机应用系统的开发与实现等方面做了深入的研究。

"互联网＋生态站"是利用移动互联网、物联网、云计算、大数据、人工智能等新一代信息技术，通过感知化、物联化、智能化的手段，形成生态数据智能感知、管理协同高效、生态价值凸显、服务内外一体的生态站建设新模式。其目的是将新兴的互联网、移动互联网、云计算、人工智能和物联网技术与生态监测工作深度融合，依托部署在生态站点的各种传感设备（如水、土、气、生等生态因子观测设备或传感器）和通信网络实现生态因子的智能感知、智能预警、智能决策、智能分析，为生态文明建设工作提供精准化分析、可视化管理、智能化决策。

具体来讲，"互联网＋生态站"具有以下特性：

一是生态监测信息资源数字化。实现生态监测信息实时采集、快速传输、海量存储、智能分析、共建共享。

二是资源相互感知化。通过传感设备和智能终端，生态站中的森林、湿地、荒漠、野生动植物等生态因子可以相互感知，能随时获取需要的数据和信息。

三是信息传输互联化。通过建立和使用无线传感网络、移动通信网络和互联网等网络系统，实现信息传输快捷，交互共享便捷。

四是分析和管理智能化。利用云计算、大数据、人工智能等方面的技术和模型，实现快捷、精准的生态观测数据处理和分析等，为生态监测专家和林业主管部门提供智能化的决策依据和方法。

（二）"互联网＋生态站"的技术路线

"互联网＋生态站"采用云计算、物联网和大数据等核心技术，为解决生态站观测数据的采集、传输、管理、利用和可视化等问题提供了一套全新的技术方案，其技术路线如图1-11所示。

1.通过物联网技术实现不同厂家设备中观测数据的采集、汇聚和传输工作

通过物联网技术，在站内以无线或有线方式，实现不同厂商设备间的通信组网，利用

数据汇聚节点对水、土、气、生等观测数据进行采集和汇聚，将数据打包、加密后，通过移动通信网络（如 GPRS、3G、4G 等）或其他通信方式，将汇聚的数据传输并存储到云平台中。

2. 通过云计算技术建立动态、可扩展的生态站观测数据的处理环境

通过云计算技术为生态站观测数据的清洗、分析、挖掘、可视化和应用等工作，提供动态、可扩展的计算资源、存储资源和网络通信资源。同时，及时、按需、自动调配各类资源，为生态监测各类任务提供持续、可靠的服务保障。

3. 通过大数据技术实现生态监测大数据的集成、清洗、存储、分析、挖掘和可视化

首先，在保存原始汇聚数据的基础上，依据生态站网标准化体系中的相关标准和规范要求，准照生态观测数据的采集要求、格式规范以及变化特点，对生态站传输的原始汇聚数据进行预处理，包括：集成异构的观测数据、清洗异常数据、插补缺失数据，形成高质量的生态监测大数据资源。

其次，基于生态监测大数据的结构特点和操作要求，依据大数据存储原理、分布式模型、生态站网标准化体系中的相关标准、规范要求，设计适用于生态监测大数据的分布式存储模型和架构，将预处理后的数据资源进行入库处理，形成分布式生态监测大数据资源。

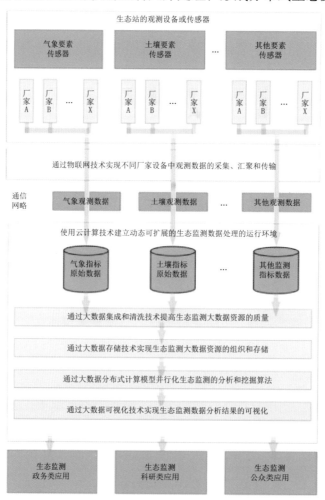

图 1-11 "互联网＋生态站"的技术路线

再次，面向分布式生态监测大数据资源，依据大数据分布式计算框架、人工智能和深度学习的计算方法，设计和建立生态监测大数据统计、分析、挖掘、分类和预测的分布式计算模型和算法，实现生态监测大数据的分布式处理，提高其应用处理的计算效率，进而满足各类终端用户的研究和应用需求。

最后，面向政府部门、科研机构和公众用户的决策、研究、科普等需求，设计和开发生态监测大数据可视化系统，对生态监测大数据的统计、分析、挖掘、分类和预测的结果进行个性化展示，形成同比环比分析、趋势预测、规律挖掘等应用场景下的各类图表或 VR（virtual reality，虚拟现实）、AR（augmented reality，增强现实），方便各类用户从各自的视角理解生态大数据的潜在价值。建立生态监测大数据共享和数据交换平台，为科研人员、政府管理人员及社会公众共享、交互、获取生态观测数据及统计、预测等结果奠定基础，发挥生态监测大数据在科研协作、管理决策和公众服务方面的支撑和保障作用。

三、"互联网＋生态站"的体系结构

通过分层体系结构设计方法，依据"互联网＋生态站"技术路线，建立由感知层、物联网层、基础设施层、数据资源层、大数据组件层和用户层 6 层组成的"互联网＋生态站"体系结构（图 1-12）。其中，基础设施层、数据资源层和大数据组件层构成生态监测云平台，这是"互联网＋生态站"的核心。

（一）感知层

感知层位于体系结构的最下层，为"互联网＋生态站"的数据生产者，由水分、土壤、空气、生物多样性等生态监测要素传感器和采集仪器组成。通过感知层的各类指标要素传感器和采集仪器，自动地感知和获取生态监测要素指标数据。

（二）物联网层

物联网层位于体系结构的第二层，主要完成"互联网＋生态站"的数据采集、汇聚和传输等功能，由汇聚节点、采集、汇聚系统和通信网络组成。根据生态站网标准化体系中的相关标准、规范要求，汇聚节点周期性地从传感器和采集仪器采集相关感知数据并对这些数据进行计算、加密、打包，然后利用通信网络将打包后的采集数据发送到云平台。

（三）基础设施层

基础设施层位于体系结构的第三层，主要功能是利用云计算技术对硬件设备进行虚拟化，按需为生态观测数据的存储和分析提供弹性的、虚拟的、可度量的计算资源、存储资源和网络资源。

（四）数据资源层

数据资源层位于体系结构的第四层，主要功能是利用大数据分布式存储技术，接收物联网层发送到云平台上的采集数据，并进行分布式存储，形成未清洗的原始数据资源和清洗

后的高质量生态监测大数据资源，包括水分、土壤、空气、生物多样性等大数据资源，为大数据组件层开展观测数据的分析和挖掘等工作提供数据支撑。

（五）大数据组件层

大数据组件层位于体系结构的第五层，主要功能是提供生态监测大数据集成、清洗、存储、分析、挖掘和可视化的可复用软件组件，主要包括数据交换组件、报表输出组件、数据集成组件、数据挖掘组件、数据预测组件、数据可视化组件、数据清洗和数据质量控制组件、数据综合管理组件、数据统计组件等，组成和实现用户层中各类用户的业务需求。

（六）用户层

用户层位于体系结构的最上层，为生态观测数据的消费者，主要功能是提供应用系统、移动 APP 和服务接口，为政府用户、科研用户和社会公众用户提供决策支持、科学研究、数据共享与交互和公众科普等类型服务。

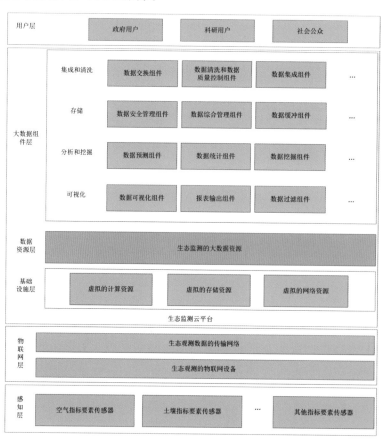

图 1-12　"互联网＋生态站"的体系结构

依据上述"互联网＋生态站"的思维、技术路线和 6 层体系结构，从生态观测数据的生产者（各类生态指标要素的传感器）到消费者（科研人员、政府管理人员及社会公众）角度，指导相关物联网硬件和采集系统、汇聚系统、云平台、大数据系统的设计和实现，这对于促进新一代信息技术和生态监测工作的深度融合和跨界实践，推动实现生态站建设的数字化、自动化、信息化和智慧化具有非常重要的理论和实践意义。

第二章

"互联网 + 生态站" 的物联网技术

　　物联网技术使物联世界中的每个物体转化成为具备通信功能的数据载体，实现了真实世界中的物物相连，因此，物联网技术是"互联网 + 生态站"平台实现数据实时可靠、融合互通的基础。本章将根据物联网技术在生态观测领域中的应用需求，具体讲解站点建设过程中设备组网、数据采集和数据传输的实现技术与方法，并结合实际应用情况，设计了若干实际应用案例。

第一节　基于物联网的生态监测

一、物联网与林业生态监测

（一）物联网的概念

　　1991 年美国麻省理工学院（MIT）的 Kevin Ashton 教授首次提出物联网的概念。1995 年比尔·盖茨在《未来之路》一书中也曾提及物联网，但未引起广泛重视。1999 年美国麻省理工学院建立了"自动识别中心（Auto-ID）"，提出"万物皆可通过网络互联"，阐明了物联网的基本含义。物联网指的是通过射频识别（RFID）、红外感应器、全球定位系统（GPS 或北斗）以及传感器等信息传感设备，按约定的协议，把任何物品与互联网连接起来，进行信息交换和通讯，以实现对物品的智能化识别、定位、跟踪、监控和管理的一种巨大分布式协同网络（沈苏彬等，2010）。可见，物联网以互联网、传统电信网络等为信息承载体，它为物联世界里的每个物体均分配一个可被识别的网络地址，使每个物体成为既可以发送信息，又可以接收信息的可通信的数据载体，从而实现物体与物体之间的信息交换与通信（吴功宜，2012）。

　　物联网与互联网既有联系又有区别，两者的联系在于物联网是在互联网的基础上发展起来的，是对互联网的进一步延伸（闫连山，2012）。两者的区别在于：

（1）互联网上的信息是主要由人直接或间接产生并上传的，而物联网上的信息则是主要通过物联网感知层自动获取的。

（2）互联网主要强调规范的开放性和网络的通达性，对网络性能要求是"尽力而为"，即对网络的安全、可信、可控、可管等并没有严格的要求；而物联网对网络的性能要求是"全力以赴"，即对网络的实时性、安全可信性、资源保证性等都有更高的要求。

（3）互联网主要以因特网（internet）和移动通信网络为代表，实现信息的传输；而物联网在互联网的基础上增加了近距离的有线和无线通信网络，如蓝牙、RFID 等，如图 2-1 所示。

图 2-1　物联网通信网络

（二）物联网在林业生态监测领域的应用

物联网是"互联网＋"领域模式中重要的技术支撑。目前，物联网广泛应用在国民经济和人类社会生活的方方面面，已在我国安防、电力、交通、物流、医疗、环保等领域得到应用，且应用模式正日趋成熟，如智能交通、智慧城市、环保监测、智慧农业等都是物联网的典型应用案例（周洪波，2012）。林业作为一项重要的基础产业和公益事业，其物种丰富，位置偏远，地广人稀，基础设施落后，环境条件恶劣，安全风险性高，监管任务繁重，覆盖一、二、三产业等特点，决定了物联网在其中有着巨大的应用潜力（苏美文，2015）。

虽然以传感器网络、RFID、红外感应等为代表的物联网相关技术已在林业科研、生产、管理和服务中有所应用，但是在生态站观测领域中的应用还处在初级阶段。例如，许多生态站由于地处偏远、网络通信基础设施较差、观测设备过于陈旧等原因，无法实现观测设备联网、组网，未能实现观测数据的实时、自动采集与传输（国家林业局，2008）。因此，在生态站观测领域，急需采用物联网技术开展新建站点或对已有生态站进行升级改造等工作，实现多种生态观测因子的实时化、自动化、智能化采集，从而有效降低生态监测工作的人力和物力成本。

可见，在生态站建设工作中，应用物联网技术可有效克服观测环境的时空异质性和尺度复杂性所带来的问题，实现对林业关键指标的多地区、大范围、长期、持续、同步的数字化观测、网络化共享和规范化集成，将显著提高林业生态监测工作的实时性、全面性、准确性和可靠性，从而使得物联网技术在该领域有着更为广泛的应用前景，进而引领全国生态站改进观测手段，提高观测水平，支撑生态林业和民生林业科学的发展。因此，进一步推进物联网技术在生态监测领域应用的深度、广度等工作的需求极为迫切（李新等，2016）。

在物联网与生态站的应用结合方面，首先，需要针对森林、湿地、荒漠、草原等生态系统类型，考虑其地理分布特征、多尺度环境监测的要求等实际情况，开展网络基础设施建设，形成符合站内实际情况的有线或无线通信网络；其次，需要对森林小气候观测设备、森林水文及水化学观测设备、森林生物定位观测设备、土壤定位观测设备等进行站内联网、组网，从而实现对各类气象因子（大气温度、大气湿度、大气压力、风速、风向、降水量、光照度、能见度、蒸发等参数）、土壤理化因子（土壤温度和土壤湿度等参数）、空气质量因子（$PM_{2.5}$、PM_{10}、二氧化硫、氮氧化物、一氧化碳、二氧化碳、臭氧、负氧离子等参数）、植物矿物质成分以及地表径流量、流速和水质等生态因子数据的长期、自动、实时、可靠的采集和传输，形成智能生态站观测物联网系统（马向前等，2008）。

总之，开展物联网技术在生态站观测中的应用工作，对于实现智能化的站点数据采集、智慧化林业服务的目标具有十分重要的意义。

二、物联网技术体系下的生态站相关工作要求

（一）物联网技术在生态站中的应用现状

当前，物联网技术在生态站中的应用现状主要体现在以下三个方面：

（1）物联网技术在现有的生态站的应用规模和覆盖面不够，一方面，受建站时间、地理环境条件、人力物力等因素影响，相当一部分站点未能实现基于物联网技术的观测网络，无法实现观测指标数据的自动采集与传输；另一方面，大部分站点在软硬件功能设计方面，还相对粗放，未能对由于设备故障导致的数据异常问题的数据处理和预警，也未能对观测设备运行状态、对应采集端口和采集指标进行更精准的实时监控等。

（2）基于物联网技术的建站方案没有统一的标准，当前符合野外观测环境要求的传感设备、网络设备、安全设备、供电设备及其他设备由于厂商、型号等不同导致各种设备的统

一组网与传输比较困难甚至无法实现组网，不能满足建设"互联网＋生态站"的需求。

（3）基于物联网技术的生态站运维缺乏专门的技术队伍和资金，发展模式亟待创新。

针对上述问题，应从健全生态监测数据采集规范、完善生态观测设备（含传感器）的组网与传输规范、加强生态观测数据的质量控制工作等三个方面来开展基于物联网技术的智能化生态站点的建设。

（二）基于物联网的生态监测相关规范要求

为了实现物联网技术与生态站观测工作的有机结合，在对生态站观测指标因子进行观测和数据采集过程当中，应从以下三个方面建立和健全生态监测的相关规范：

1. 观测指标与观测频率规范

数据观测频率是生成数据量的主要影响因素。因此，其数据采集频率如果只按照一种轮询方式，就会导致采集频率高的指标数据精度丢失，而采集频率低的指标数据溢出的情况出现，从而增加更多的数据预处理工作。针对这类问题，目前已出台多个行业标准，对生态站点观测指标及其采集时间间隔进行了统一的规范，比如，在森林生态监测领域中已发布国家标准《森林生态系统长期定位观测指标体系》（GB/T 35377—2017）。但以往建站实施时，对采集指标、采集频率等方面的设定还有很多人为因素存在，对标准规范执行不严格，显然，新建的站点都应严格执行已有的相关国家、行业标准，设定观测指标因子、单位、采集频率等，为不同站点观测数据的融合存储管理奠定重要基础。

2. 数据缓存策略规范

目前大多数已有的生态站点的数据只涉及常规观测因子的指标数据（通常是结构化的数据），而近年来随着生态监测工作的进一步深入，生态站除了增加一些精度较高的数据采集指标外，还有针对植物物候观测、动植物监测的图像以及视频数据等，采集的数据类型、格式逐渐趋于复杂化，若将收到的数据按照采集频率发送会极大增加承接物联网和互联网数据转发功能设备的功耗，降低设备的工作寿命。因此，需要建立一套数据缓存策略规范，即在接收一条观测数据时，本地转发设备并不立即转发，而是在设备本地将数据进行缓存，利用该数据缓存策略规范定时地发送数据，使得数据可以高效地传输至互联网。

3. 仪器校验、维护和维修规范

生态站点的仪器普遍存在因使用时间过长导致采集精准度下降的问题，根据仪器的特性按时进行仪器的校准和标定，是全网数据准确性和可用性的保证，如美国热电公司（Thermo Electron Corporation）的大部分空气指标观测设备需要按月对空气滤膜进行清洗。观测设备必须进行定时保养和维护，才能保证其运行的稳定性和可靠性，同时，当仪器出现故障时，须自动报警并得到及时维修，从而实现对观测数据的自动、实时采集的目标。因此，有必要建立一整套以仪器为单位的校验规范和维修保障体系。

（三）观测数据的质量控制要求

观测指标数据的质量是数据有效性的保证，也是进一步进行数据分析、挖掘生态规律等工作的重要保障。因此，必须对生态观测数据在感知、采集、传输等环节中进行相应的质量控制，从源头上保证观测数据的质量。主要包括以下三个方面：

1. 入网仪器的质量要求

对观测设备的选型要选用品牌声誉高、稳定性强、接口兼容性好的产品，从根源上对数据的观测进行质量控制。

2. 数据采集和传输的稳定性、连续性以及有效性控制

观测设备的数据丢失、突发异常是较为常见的问题，为了对这些问题进行有效的控制，应开发相关的物联网嵌入式系统，在物联网数据汇聚节点进行标注。当观测数据出现丢失、越界等异常情况时，系统能自动判断、识别和标记该异常数据，以便将带有标记的数据发送到云平台时，云平台能够根据标记情况及时通知工作人员开展核查工作，以此达到控制数据质量的目的。

3. 云平台上的数据质量控制

经过生态观测站点物联网采集和传输到云平台的数据，在进行数据分析前需要进行数据预处理，如清洗、规约、计算等，有关数据预处理的方法和内容将在第四章的"数据预处理"小节做详细的介绍。

三、基于物联网的生态站数据采集与传输工作

在"互联网+生态站"的体系结构中，感知层和物联网层作为体系结构的基础，主要负责实现生态观测站点的数据获取和传输，是整个生态站观测系统的数据源头。对生态站内各种观测设备（含传感器）进行通信组网是实现生态观测数据自动、实时采集的重要一环，也是数据传输的基础。在感知层和物联网层中数据感知、采集和传输的流程和工作主要包括以下三个方面：

（一）生态站观测物联网的组网与部署

对生态站内的观测设备（含传感器）进行通信组网，形成生态站观测物联网，是"互联网+生态站"数据获取并进行实时传输的重要基础和保障。生态站观测物联网主要由各种传感器设备、数据采集器（或称汇聚节点、传感器控制模块）以及通信网络三部分组成。其中，通信网络及组网方式的选择是构建生态站观测物联网的重要内容，需要综合考虑生态站点的各种观测设备通信接口类型、地理环境条件以及网络基础设施等情况综合确定。

（二）数据采集器的选取（或研制）及配置

数据采集器在生态站观测物联网当中处于核心的地位，它负责从各个观测设备中采集各种感知数据，以及对采集的数据进行必要的格式化处理并传输到云平台等工作，在生态站

观测物联网和云平台之间起到了重要的桥梁作用（万雪芬等，2020）。

数据采集器的正常工作需要开发和设计相应的嵌入式采集软件系统及配置系统，采集软件系统负责通过网络自动从各观测仪器（或传感器）中采集数据，配置系统是工作人员对数据采集器的相关参数进行设置的软件系统。

在实际构建生态站物联网工作中，需要根据物联网中连接的观测仪器设备的种类、数量等实际情况，利用配置系统进行合理配置。

数据采集器的选择可以采用市场上已有品牌的产品，也可以根据实际需要通过自行研制和开发相应的软硬件系统来实现。

（三）数据采集与传输

在生态站观测物联网中，对于数据采集器采集的各种观测数据，需要研发相关通信软件、采用或设计合适的通信协议、选用恰当的通信网络（GPRS、3G/4G、WiFi 或卫星等），将采集的观测数据进行格式化、打包、加密等工作，然后统一传输到生态观测数据云平台中。

第二节　基于物联网的生态站组网技术

生态站观测物联网的组网技术是指选用合适的通信方式，将所需的采集与传输设备（包括传感器、数据采集器等）按照一定的规则和流程，进行有效地组织，使之能自动感知、获取、采集和传输数据。因此，通信技术在智慧林业相关建设中起到基础性关键作用。生态站组网需要根据站内通信基础设施情况、地理条件、观测仪器的通信接口情况等综合考虑，既可以采用有线通信方式组网，也可以采用无线通信方式组网（钱志鸿等，2013）。

一、有线通信

（一）有线通信接口

常见的物联网有线通信接口主要有 USB 接口、串口（RS-232 接口、RS-485 接口）、以太网接口、光纤接口等，如图 2-2 所示。

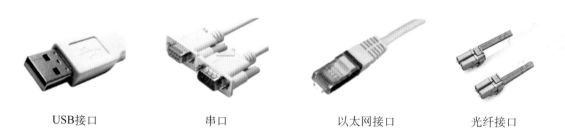

USB接口　　　　串口　　　　以太网接口　　　　光纤接口

图2-2　传感器常用有线通信接口类型

基于 USB 接口的设备通常单独使用，不和其他设备组网，这是由于 USB 通信接口通信受到自身的处理速度和协议的影响。例如，图 2-3 所示的是基于 USB 接口的手持式土壤水分观测仪。

图 2-3 USB 接口方式手持式土壤水分观测仪

基于串口的观测设备可单独实现数据的感知，也较为容易实现设备间的组网传输。其中标准串口（RS-232）通信线路简单，只要一根交叉线即可实现观测设备与传感器控制模块（或数据采集器）间的双向通信。对于通信速率要求不高、通信距离短、只存在单个发送方与接收方的监测场景下，使用 RS-232 方式可以更有效率地进行数据采集与传输工作。

以太网接口，俗称"水晶头"，具有可灵活组网、多点通讯、理论传输距离不限（实际长度不超过 1000 米）、高速率等优点，是目前主流的通信方式。以太网接口是生态站有线组网技术中使用较为广泛的连接方式，近距离数据传输时可用网线直连完成，远距离数据传输时可以通过增加交换机完成。

光纤接口，是以光纤作为传输媒介的一种通信接口。光纤通信技术是近 30 年迅猛发展起来的高新技术，给世界通信技术乃至国民经济、国防事业和人民生活带来了巨大变革，它具有通信速度快、通信距离远（200 米至 10 千米不等）、抗干扰能力强、保密性好等显著优点，全面地满足了当今社会对通信信号容量、速度、质量等方面的要求，因此是通信领域的主流通信方式。在实际应用中，通过光传输模块实现端到端数据传输的光电信号相互转换，光传输模块要成对使用。利用光纤转换器，可以实现光纤与其他类型接口的观测设备进行组网（如图 2-4 为串口与光纤接口的转换器），选择的转换器不同，支持的协议也不同。

图 2-4 串口—光纤转换器

（二）常见的有线通信协议

通信协议是指双方完成通信或服务必须遵循的规则和约定，通过通信接口与传输协议间的协同工作实现信息交换与资源共享。

1. 串口通信协议

串口通信协议指按比特位（bit）发送和接收数据。相比按字节（byte）传输的并行通信协议，串口通信协议的速度较慢，因此，可在数据采集端与汇集端布置双向通信线路，一根线路用于发送数据，另一根线路用于接收数据，从而提高物联网的数据传输效率。常见的基于串行接口的通信协议有 RS-232 和 RS-485 协议等。

基于 RS-232 点对点通信协议的组网方案的传输距离限于 15 米以内，同时具有价格便宜、软件模块容易实现等特点，因而常用于近距离、点对点的观测设备间的组网。

RS-485 通信协议由 RS-232 发展而来，其最长传输距离理论上可达到 1200 米，能够支持实时传输（邓志云等，2018）。RS-485 收发器采用差分发送和差分接收的方式进行数据传输，因此，具有较强的抗共模干扰的能力。基于 RS-485 的设备组网具有简单、价格低廉、满足较长距离通信的特点，在点到多点、多点到多点的生态观测组网中得到广泛应用（冯子陵和俞建新，2012）。

2. TCP/IP 通信协议

TCP/IP 是 Transmission Control Protocol/Internet Protocol 的简写，译为传输控制协议／因特网互联协议。TCP/IP 是一种网络通信协议，它规范了网络上的所有通信设备之间的数据往来格式以及传送方式（汪凤珠，2019）。TCP/IP 是 Ineternet 的基础协议，也是一种数据打包和寻址的标准方法。其中，TCP 协议负责数据的稳定传输，确保数据安全正确地传输到目的地；IP 是给因特网的每一台联网设备规定一个固定地址。

生态站的很多观测设备都带有网口，可以直接支持 TCP/IP 通信。TCP/IP 协议传输是目前生态站运用最广、使用效率最高的传输方式，使用这种通信方式的优点主要体现在以下三个方面：

(1) 仪器支持 TCP/IP 协议，可为后续数据的 Internet 传输、网页展示或搭建文件服务器提供了可能。

(2) 支持更大范围的组网需求，可按照实际需求设计不同拓扑结构的局域网来实现各类观测设备的接入。

(3) 对于不支持 TCP/IP 协议的观测设备，可以通过加装转换模块来实现协议之间的转换，比如在部分生态站点中，将梯度观测站、通量观测站上使用的串口通信设备通过转换模块转化为 TCP/IP 通信设备，进而支持统一的 TCP/IP 协议通信（如图 2-5 为串口与 TCP/IP 协议的转换模块）。

图 2-5　串口与 TCP/IP 转换模块

（三）有线组网方式

对于同一厂商的有线观测设备间进行组网相对容易，只要在技术人员的指导下按照规定操作就能完成观测物联网的组网。多数情况下同一厂商生产的仪器使用相同的通信接口和通信协议，并且厂家会对有联网需求的多个设备之间的组网传输方案进行统一规划设计，使设备本身具备联网模块和功能，这种具备联网功能的设备使用的通信接口常见的有串口或以太网口，联网协议通常采用 RS-485 协议或 TCP/IP 协议。能够联网的观测设备使用的数据传输接口和协议必须一致，接口和传输协议均相同的观测设备称之为同构设备，基于串行通信协议的同构设备组网方式示意图如图 2-6 所示，基于 TCP/IP 通信协议的同构设备组网方式示意图如图 2-7 所示。

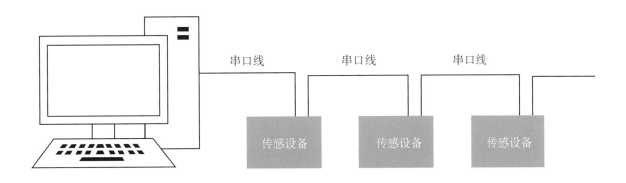

图 2-6　基于串行通信协议的同构设备组网

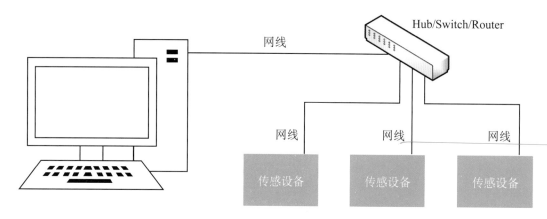

图 2-7　基于 TCP/IP 通信协议的同构设备组网方式

对不具备联网功能的设备或者不同厂商的观测设备（称之为异构设备），完成多点对多点的数据通信工作较为复杂。由于各厂家之间不存在统一的标准规范约束传感器的接口设计和接口传输协议设计，所以要把各方面都异构的设备进行连接并组网，就必须在中间插入通信转换模块。这个转换模块的输入端和传感设备相连，使用和传感设备匹配的接口和协议。输出端则必须统一规划，使用有线可组网的接口和协议（RS-485 或 TCP/IP）。概括而言，中间转换模块在数据传输中有两方面的作用：一是从传感设备中获取观测数据；二是将获取的数据以相同的传输协议转发。

常用的有线通信方式的比较见表 2-1。

表 2-1　常用有线通信方式参数比较表

传输方式	传输速率	通信距离	组网特点
RS-232	最高20千比特/秒	15米以内	传输距离近，组网软硬件模块简单
RS-485	最高10兆比特/秒	1200米以内	传输距离较远，组网模块比RS-232复杂
以太网络	10～1000兆比特/秒	100米左右	可以远距离传输，需要复杂软硬件支持

（四）有线通信组网方式示例

某森林生态站布设在范围较大的观测区域内，有距离站点办公区较近的标准气象观测场以及距离办公区较远的、布设在林分样地内的梯度观测系统、通量观测系统和物候观测系统（视频数据）。为了应对占地面积较分散、观测指标复杂多样的建站特点，可以综合多种通信组网方式对观测站内的采集子系统、办公区服务器进行组网。

比如，针对分布情况复杂、距离站点办公区服务器相对较远的通量观测系统、梯度观测系统、物候观测系统，可以通过 TCP/IP 通信协议将观测区的数据采集器与办公区服务器进行通信组网，由网线将采集的实时数据传输至办公区服务器；而针对分布情况单一、距离站点办公区较近的气象观测系统，则可以通过 RS-485 通信方式组网将数据传输至办公区服务器。站点机房内安装有光纤转换模器，将所有数据通过光纤传输至站点存储集群。该融合多种有线通信方式的组网方案如图 2-8 所示。

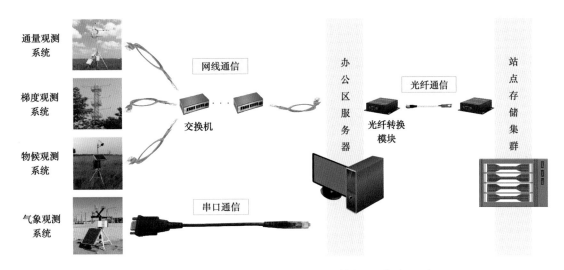

图 2-8　融合多种有线通信方式的组网方案示意

二、无线通信

（一）蓝牙通信技术

蓝牙是一种近距离无线通信技术标准，可实现固定设备、移动设备和楼宇个人域网之间的短距离数据交换（郭文义等，2019），可使多种异构设备进行方便快捷、低成本、低功耗的数据传输，从而有效解决了数据同步的难题。另外，蓝牙技术作为传输介质的数据采集系统也非常多（齐江涛，2009）。

蓝牙通信的主要特点有：

（1）蓝牙技术具有成本低、功耗小、易组网的特点，是观测设备进行短距离无线组网的常用技术。

（2）蓝牙技术的通信距离只有 15 米，使用高增益天线可使得通信范围扩展到 100 米，一般适合于短距离通信，蓝牙 4.0 版支持 1 兆比特／秒以上的速率。

（3）蓝牙标准统一，无需准备任何意义上的仪器专用线缆。

（二）ZigBee 通信技术

ZigBee 是基于 IEEE 802.15.4 标准的一种低速短距离传输的无线网络协议，而 ZigBee 技术是一种短距离、低功耗的无线通信技术，其主要适用于自动控制和远程控制领域，能够较好地解决人工及有线方式存在的问题（史兵丽等，2020）。

ZigBee 具有如下特点：

（1）低功耗。由于 ZigBee 的传输速率低，而且采用了工作和休眠两种工作模式，因此 ZigBee 设备非常省电，比如，在低耗电待机模式下，2 节 5 号干电池可支持 1 个节点工作 6～24 月，甚至更长。

（2）时延短。通信时延和从休眠状态激活的时延都非常短，如休眠激活的时延是 15 毫秒。

（3）网络容量大。一个星型结构的 ZigBee 网络最多可以容纳 254 个从设备和 1 个主设备，一个区域内可以同时存在最多 100 个 ZigBee 网络。

（4）高安全。ZigBee 支持鉴权和认证，采用了高级加密标准 AES-128 的加密算法，各个应用可以灵活配置其安全属性。

（5）低速率。链路上的数据传输速率为 250 千比特 / 秒，满足低速率传输数据的应用需求。

（6）近距离。传输范围一般介于 10 ~ 100 米之间，在增加射频发射功率后，亦可增加到 1 ~ 3 千米，这指的是相邻节点间的距离。如果通过路由和节点间通信的接力，传输距离将可以更远。

图 2-9 是常见的 ZigBee 模块实物，图 2-10 是常见的 ZigBee 网络拓扑结构图。

图 2-9　常见的 ZigBee 模块实物

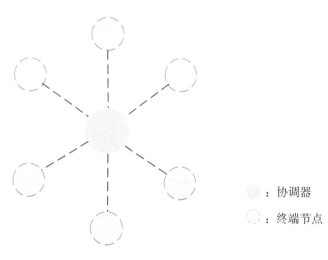

　　：协调器

　　：终端节点

图 2-10　常见的 ZigBee 网络拓扑结构

ZigBee 模块主要由数据处理芯片、接口、天线三部分组成，传感设备或采集器设备连接上 ZigBee 模块，形成一个 ZigBee 终端节点，通过配置加入到同一个协调器控制的 ZigBee 网络后，两个终端节点便可通过协调器进行数据收发。Zigbee 技术在农林业中的应用非常广泛，可以将传感器采集的数据通过 ZigBee 无线网络协调器传输给上位机并实时显示和存储（薛涛等，2016）。

（三）WiFi 通信

WiFi（wireless fidelity，无线保真技术）通信以 IEEE 802.11x 为通信协议，依赖 TCP/IP 作为网络层，主要用来解决局域网里终端之间的无线互联。IEEE 802.11 协议具有多个版本，其技术的优势在于网络速度较高，目前最高速率为 350 兆比特／秒，移动性好。通常 WiFi 通信拥有较高带宽是以功耗大为代价，因此，便携 WiFi 仪器需要较大容量的电池。WiFi 技术可以和 ZigBee 技术结合起来，发挥各自的优点，比如，为使无线传感网络实现高效节能，可采用基于 ZigBee-WiFi 协同方式进行的时钟同步机制（董哲，宋红霞，2015）。

对于大部分生态观测设备来说，WiFi 通信并不是标准配置，但可以使用信号转换模块来添加该项功能。由于 WiFi 信号室外衰减严重的问题，一般情况下通过架设大型户外热点来实现通信，其有效室外通信覆盖半径可达 100 米。支持 WiFi 的电子产品越来越多，像手机、MP4、电脑等，基本上已经成为了主流标准配置。

（四）数传电台

数传电台（data radio），又称为无线数传电台、无线数传模块，是指借助 DSP（数字信号处理）技术和无线电技术实现的高性能专业数据传输电台，其一般采用数字信号处理、纠错编码、软件无线电、数字调制解调和表面贴片一体化设计等技术，具有网络延迟少、实时性高等特点，适用于需要及时进行远程控制的场景（苏全，2005）。数传电台的使用从最早的按键电码、电报、模拟电台加无线 MODEM 的模式，发展到目前的使用数字电台和 DSP、软件无线电的模式，传输信号也从代码形式的低速数据发展到高速数据，可以传输包括遥控遥测数据、动态图像数据等非结构化数据。

图 2-11 是常见的数传电台实物，图 2-12 是数传电台工作原理示意。

图 2-11 常见的数传电台实物

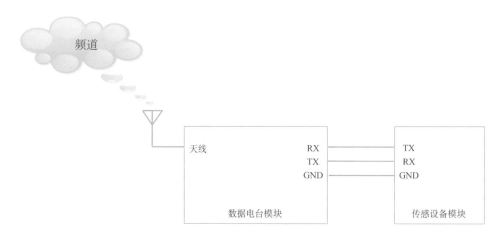

图 2-12　数传电台工作原理示意

数传电台与传感设备相连并获取到感知数据后，将会把数据通过天线发送到设定的频段内，需要与之通信的设备便可从相应的频段接收到数据。

基于数传电台的数据传输技术需要注意以下几点：

（1）目前传输模块传输距离能达到 16 千米，随着仪器通信距离增加，功耗会急剧增加。

（2）要求无遮挡，否则信号衰减严重。

（3）一般用于中长距离的生态站组网通信方式。

例如，观测设备距离山脚下的生态站办公区距离在 5～10 千米之间，且这些地区没有手机信号，可采用数传电台进行通信组网。

（五）微波通信

微波通信是数传电台的一种。"微波"通常是指波长在 1 米（不含 1 米）至 0.1 厘米之间的电磁波。微波通信是直接使用微波作为介质的无线通信手段，主要适用于两点间直线距离内无障碍的通信。微波通信传输速率快，近似于光纤的通信速率，但功耗较大。

利用微波通信可以进行容量大、质量好、距离远的数据传输。由于微波的频率极高，波长又很短，在空中的传播特性与光波相近，即直线前进，遇到阻挡就被反射和折射，因此，微波通信的主要方式是视距通信，存在大型障碍物时需要中继转发。一般说来，由于地球曲面的影响以及空间传输的损耗，每隔 50 千米左右，就需要设置中继站，将信号放大后再转发，实现微波中继通信。目前微波传输在生态站的使用主要是在监控图片、视频等非结构化数据的传输。

例如，假设某实验林场架设了防火摄像头、游人监控摄像头等各类监控视频采集点多个，同时还架设有各类生态观测仪器，且山区移动通信条件较差，此时所有摄像头和观测仪器便可设置数个微波天线进行组网，将各类数据实时传输至中心服务器。

（六）GPRS/3G/4G 无线通信

GPRS（general packet radio service）是通用分组无线服务技术的简称，它既是目前国内使用范围最广的无线通信技术，也是大部分传统生态站正在使用的数据通信技术（胡圣尧等，2016）。

GPRS 是介于 2G 和 3G 之间的技术，也被称为 2.5G。4G 是集 3G 与 WLAN 优势于一体的新型无线通信技术，能够快速传输高质量数据，如音频、视频和图像等，其最高下载速度可以达到 100 兆比特／秒以上。

例如，一些 CFERN 网络的站点便是使用 GPRS/4G 网络将站内观测数据传输到云平台的。在基站信号弱的区域采用更换模块天线、增加增益的方式提升信号发送功率，用于将生态站数据实时传输至云平台。

（七）LoRa 技术

LoRa 是低功耗广域网（LPWAN）物联网技术中的重要传输方式，通过扩频技术实现超远距离无线传输。LoRa 改变了以往关于传输距离与功耗的折衷考虑方式，兼备超远距离传输和低功耗的显著特性，为用户提供一种简单的能实现远距离、低功耗、大容量、低成本的系统，进而扩展传感网络。目前，LoRa 主要在全球免费频段运行，包括 433 兆赫兹、868 兆赫兹、915 兆赫兹等，目前 LoRa 的无线组网协议已经非常成熟（柳永波，2017）。

LoRa 技术在无遮挡情况下最远距离可达十几千米，在市区范围内也可达 2～3 千米；超低功耗待机可灵活调整功率等级，适配传输中对距离和速率的要求，支持多种休眠和待机模式，电池续航可达 10 年。同时，LoRa 技术无需依赖现有的数据网络基站，可以自由组网，节点容量可达数万且支持点到点通讯、串口数据双向通讯，更加适用于蜂窝数据网络覆盖不及的大面积户外场景（骆东松等，2020）。

LoRaWAN 是 LoRa 联盟推出的基于开源的 MAC 层协议的低功耗广域网标准，这一技术可以为无线设备提供较远距离组网需求（黄正睿等，2020）。

（八）NB-IoT 技术

NB-IoT 技术是基于蜂窝的窄带物联网（narrow band internet of things），支持低功耗设备在广域网的蜂窝数据连接，是万物互联网络的重要技术分支，很多关于 NB-IoT 的技术细节已经取得了很好的进展（聂珲和陈海峰，2020）。

NB-IoT 适用待机时间长，对网络连接要求较高的设备。一般 NB-IoT 设备的电池寿命可以达到 10 年，还能提供非常全面的室内蜂窝数据覆盖。该技术受制于运营商的布网而尚未大规模布设，一旦布设，将解决生态站网络建设中大规模组网导致的功耗损耗过大等问题。在不考虑耗电的场景，如能够直接供给市电的场合，得到了广泛应用（黄双成等，2020）。

（九）卫星通信

卫星通信是利用人造地球卫星作为中继站来转发无线电波，从而实现两个或多个地表站点之间的通信（张晨等，2020）。生态站使用的卫星通信系统主要是北斗卫星系统，北斗卫星系统是我国自主研发的全球性卫星导航系统，可以在服务区域内的任何时间、地点，为用户提供双向短报文通信服务，这有效地解决了我国偏远和无手机信号地区的数据通信难题（郑一力等，2018）。北斗双向短报文通信服务是北斗卫星系统的特色功能（熊文俊和赵辉，2020），它可以看作是人们平时使用的"短信息"，可以发布140个字的信息，既包含待发送数据信息，又包含了发布者的位置，其工作模式如图2-13所示。

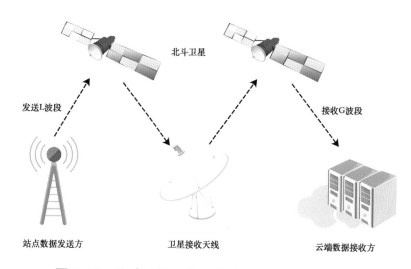

图 2-13　北斗卫星双向通信功能的工作模式示意

（十）无线通信在生态站组网中的应用概述

通常情况下观测设备并不具有无线通信功能模块，因此，需要额外配置无线通信组网模块实现组网，其组网方式如图2-14所示。无线模块和传感设备的数据接口直接相连，从传感设备中获取数据，并将数据通过无线通信发送至汇聚节点，由汇聚节点融合监测范围内所有传感设备的实时数据，最后统一将数据传输至广域网中。

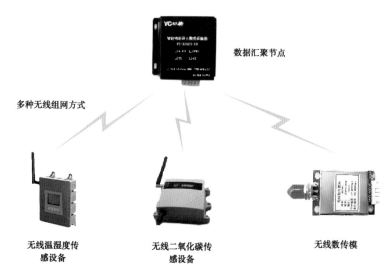

图 2-14　生态站无线通信组网方式示例

设计生态站组网方案时，应不拘泥于单一组网技术，需要了解各类组网技术的优缺点，选取适合生态站实际需求的通信方式进行组网。需要指出的是，将有线通信技术应用于生态监测领域时，难以将有线传输线路便捷地部署在铺设难度较大的野外观测场所，所以，生态监测领域的广域网通信一般讨论的是无线广域网通信技术，可用广域网通信的无线通信技术包括数传电台、微波通信、GPRS/3G/4G 无线通信、LoRa 技术、NB-IoT 技术、卫星通信等。林业生态监测中各种技术的综合应用，可搭建成可靠稳定的一体化林业生态监测网络系统（刘维栋，2014）。

几种常用的无线通信方式的参数比较见表 2-2。

表 2-2　几种常用的无线通信方式参数比较

传输方式	传输速率	通信距离	频段	网络形态	功率损耗
ZigBee	20～250千比特/秒	10～75米	2.4吉赫兹	一对多	最小
WiFi	最高350兆比特/秒	100米	2.4吉赫兹	一对多	大
GPRS	9.6千比特/秒至16兆比特/秒	基站覆盖	900兆赫兹	点到基站	适中
LoRa	最大可靠速率37.5千比特/秒	2～15千米	433兆赫兹、868兆赫兹、915兆赫兹等	星型网络	小

三、传感器

（一）传感器

在电子检测技术中，传感器就是获取外界信息的"眼睛"（任克强和王传强，2020），它能检测到需要被测量的信息，并将检测接收到的信息，按一定规则变换成电信号或其他形式的信息输出，以满足信息的传输、处理、存储、显示、记录和控制等要求，由敏感元件和转换元件组成。

在物联网广泛应用的时代，基于传感器的数据采集的重要性是十分显著的，它是物联网与外部物理世界连接的桥梁，是人类视觉、听觉和触觉的延伸。

基于传感器网络的自动化数据采集是物联网技术所需完成的主要工作。采集方法可分为接触式与非接触式，无论采用何种方法，都不应对被测对象的状态和测量环境造成干扰，从而确保采集数据的准确性。

（二）传感器的分类

为了满足不同环境下的数据采集需求，需要选用不同类型的传感器进行融合，共同完成感知任务（于慧伶等，2016）。传感器的分类方法有很多，通常有图 2-15 所示的 4 种方法。

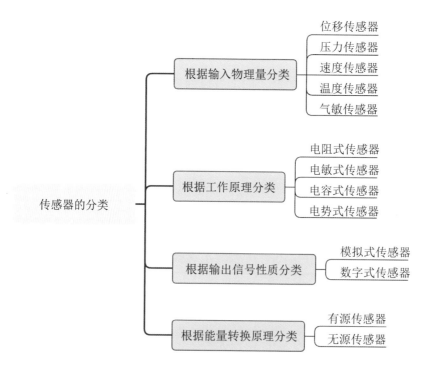

图 2-15   传感器分类示意

通常，将工作原理和用途结合起来便形成了一个传感器的命名，如电感式位移传感器、压电式加速度传感器等。

生态站中的很多生态观测指标数据的获取都是利用传感器感知获取的，例如，光照强度、大气温度、大气湿度、土壤含水量等参数都有相应的传感器。

（三）传感器设备的通信接口类型

传感器设备的通信接口类型决定了信号输出的类型以及与数据采集器的连接组网方式。主要的传感器设备通信接口类型有 RS-232、RS-485 等数字接口，或以电压、电流形式的模拟接口，它们可以使用有线通信方式与数据采集器对应的数字或模拟接口进行直连组网。

四、数据采集器

数据采集器又称物联网数据采集终端（李双全等，2017），它是生态站物联网组网中的核心设备，也是部署传感器网络汇聚节点的技术依托，负责实现采集区域内的数据采集与汇聚，并承担与采集区域外部网络（包括其他采集区域网络、广域网、互联网等）进行数据交互的功能。

数据采集器一般都配有安全箱保护，主要由观测设备接口、单片机器件、通信器件、数据存储器件、轮询单元、信息传输单元六部分组成（其中的主要器件分布如图 2-16 所示），各部分的具体介绍如下：

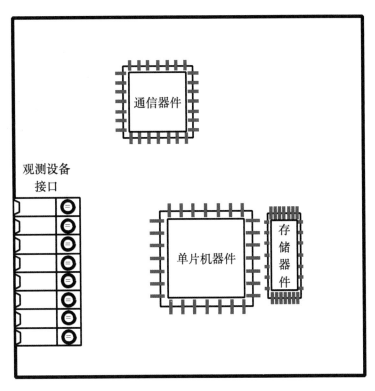

图 2-16　数据采集器主要器件分布示意

（1）单片机器件。单片机是早在 PC 机诞生前，一种专门满足嵌入式控制应用要求的微控制器（蔡国华等，2011），它把计算机系统集成到单个芯片上，相当于微型的计算机。该单片机器件将承载数据采集器所要完成的所有功能，包括轮询单元和信息传输单元中对数据进行采集、汇聚、运算、缓存以及传输等功能。

（2）通信器件。用于支持传输协议的器件，例如手机配置了 4G 的通信器件，用户才能使用 4G 进行数据收发。部署在数据采集器上的通信器件需要支持主流的通信协议，并能够高效率的数据传输等。

（3）数据存储器件。数据采集器对采集的数据进行汇聚和运算后，会将数据暂时缓存在数据存储器件中，用于以后的数据重传或恢复。

（4）轮询单元。单片机器件上的软件部分，负责控制数据采集器以既定的频率对观测设备（或传感器）进行数据采集，并对采集到的数据进行汇聚和运算。

（5）信息传输单元。单片机器件上的软件部分，负责控制数据采集器通过特定的数据传输协议和组网方式，将数据传输到指定网络位置（云平台）。

生态站建设中，数据采集器的选用，可以选择市场上现有的通用产品，也可根据生态站实际需要，独立研发。如图 2-17 为数据采集器现有产品示例，图 2-18 为课题研究小组自主研发的数据采集器产品图。如图 2-19 为江西大岗山生态站内某安装在安全箱内的基于有线通信的数据采集器示意图。

图 2-17　数据采集器现有产品　　　　图 2-18　自主研发的数据采集器产品

图 2-19　安全箱内基于有线通信的数据采集器

五、生态站观测设备物联网组网原则

1. 实用性原则

数据观测设备（含传感器）选用的主要技术和产品应具有稳定、实用的特点，并充分满足应用、技术开发及信息管理的需要，具有较为齐备的通信接口类型。

2. 先进性和成熟性原则

组网过程中，应充分遵循成熟性原则，选取较为成熟、稳定且兼容性较高的组网技术，同时参照近年来在其他领域中的新型组网技术。

3. 安全性和可靠性原则

应采取适当的措施，除自然不可抗力、人为破坏等异常情况外，确保观测设备和通信设备运行和介质传输的可靠性。

4. 开放性和标准化原则

严格按照国家和行业标准，将生态站观测网络建设成为一个开放且标准的物联网系统，使系统与硬件环境、通信环境、软件环境、操作平台之间的相互制约和影响减至最小。

5. 可扩展性和可升级性原则

当观测网络增加或减少观测设备时，系统应具有较好的可扩展性，保证扩展及升级过程能够平稳进行。

六、生态站观测设备物联网组网流程

生态站观测设备组网工作主要是采用合适的通信方式将站内各个观测设备与数据采集器连接形成一个完整的观测网络，以便实现站内各生态因子指标数据的自动感知和采集。生态站组网的工作包括：

1. 确定组网的通信方式进行联网

根据生态站观测区域的地形条件、观测设备和数据采集器的通信接口类型、电力情况、网络基础设施条件等具体实际情况，选用合适的无线或有线通信方式、传输介质及必要的通信辅助设备（如传输转换模块等），利用恰当的联网方式和通信介质，对各种观测设备、数据采集器进行联网，形成生态站物联网观测网络。

2. 选取或研发数据采集器

根据观测设备接口类型、距离等情况，选取具有合适通信接口类型的数据采集器，以符合站内组网的实际情况，若现有的数据采集器无法满足组网要求时，可通过单片机等可编程硬件研发适合的数据采集器，以满足站内组网要求。

3. 配置数据采集器

通过组网，数据采集器进入生态站观测网络后，需利用数据采集器配套的配置软件，对连接在该数据采集器上的观测设备的种类、型号、采集单位、数据输出频率、数据输出格式以及云服务器 IP 地址等参数进行配置，以便数据采集器正确地对采集到的数据进行识别、分类、计算与打包等，总体的配置流程如图 2-20 所示。

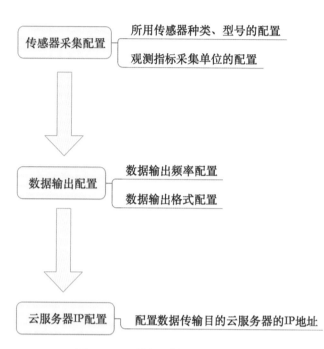

图 2-20　数据采集器配置流程

随后，对数据采集器进行调试，判断采集器以及观测设备工作是否正常，无误后便可正式投入使用。

生态站观测设备组网配置成功后，生态监测数据从感知、采集、汇聚、传输到云平台的组网拓扑示意如图 2-21 所示。

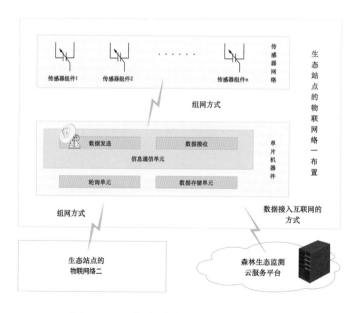

图 2-21　生态站点的组网拓扑示意

第三节　基于物联网的生态站数据采集与传输

生态站点各种观测设备与数据采集器通过一定的通信方式组网后，数据采集器能够根据相关的配置信息，按一定的时间频率从各观测设备中采集相关的感知数据，并将这些数据按一定格式处理后，利用因特网或移动通信网络传输到生态监测大数据云平台上。

一、生态站数据采集内容

目前，各国生态系统定位研究内容仅局限于一个科学上约定俗成的大体相近范围，观测内容和观测方法还不统一，缺乏统一的观测指标体系，在实施过程中，因条件、观测目的、观测对象等不同而各有侧重，导致观测数据和研究成果可比性较差，研究成果难以汇入更高层次以及更加宏观的研究之中，无法有效为国家资源与环境管理政策制定和实施提供科学依据，为此，我国行业主管部门开展了生态系统定位研究网络观测指标体系的标准化工作，建立了可供执行的不同类型生态系统相关的观测指标标准化体系（王兵，2012），以实现对资源环境要素长期、系统观测和基本数据的积累，并通过网络平台，提供信息服务，实现数据共享，提高信息的应用价值。

根据国家标准《森林生态系统长期定位观测方法》（GB/T 33027—2016），森林生态监测数据主要采集的内容见表2-3，因此，在"互联网＋生态站"物联网系统建设过程中，可依据该国家标准，布设相关及可用的观测设备（或传感器），对相关观测因子进行自动化感知，以便数据采集器对相关观测数据进行采集、汇聚和传输。

表2-3　森林生态定位观测主要采集内容

要素类型	具体观测
森林生态系统水文要素	蒸散量观测 水量空间分配格局观测 配对集水区与嵌套式流域观测 森林水质观测
森林生态系统土壤要素	土壤理化性质观测 土壤有机碳储量观测 土壤呼吸观测 土壤动物、酶活性及微生物观测 根际微生态区观测 冻土和降雪观测
森林生态系统气象要素	常规气象观测 森林小气候观测 微气象法碳通量观测 温室气体观测 大气干湿沉降观测 负离子、痕量气体及气溶胶观测

(续)

要素类型	具体观测
森林生态系统生物要素	长期固定样地观测 植被物候观测 植被层碳储量观测 凋落物与粗木质残体观测 树木年轮观测 动物资源观测
森林生态系统其他要素	氮循环观测 重金属观测 稳定同位素观测

二、基于物联网的生态站数据采集与传输流程

按照"互联网＋生态站"的技术路线，基于物联网的数据采集与传输的主要流程包括：

（1）根据本章第二节有关生态站传感器及组网技术的内容，对生态站观测设备和数据采集器进行布设及组网，以及进行数据采集器的配置工作，保证各设备及网络的正常工作。

（2）数据采集器根据配置文件的设定，按照设定的时钟间隔轮询各观测设备，进行数据的采集、汇聚、运算、缓存等工作。

（3）数据采集器将缓存中的数据根据特定的传输协议发送到指定的计算集群（或云平台）。

整体数据采集与传输流程如图 2-22 所示。

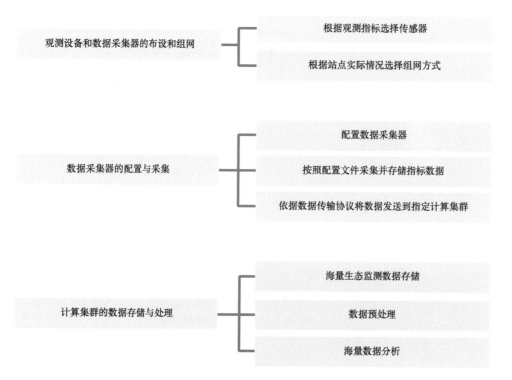

图 2-22　生态站点数据采集流程

三、数据采集和数据格式规格化处理

由于不同厂商生产的观测设备在感知和获取数据时使用的数据类型不同，通信协议也不尽相同，数据采集器需要根据组网流程里配置数据采集器步骤生成的配置文件，按照一定的时间间隔，针对性地从各观测设备中采集数据，然后，对采集数据进行数值转换、单位换算、输出结果规格化等处理，主要工作包括：

（1）根据配置文件里设定的轮询时间间隔以及各观测设备所使用的通信协议，从各观测设备中进行数据的采集。

（2）根据配置文件里的设定，对采集到的数据进行数值转换、单位换算等处理。

（3）根据配置文件里的设定，将数据在传输到外网前进行输出结果的规格化处理，以使数据的输出格式与云平台接收程序中约定好的数据传输格式匹配。

数据采集与规格化处理的主要工作流程如图2-23所示。

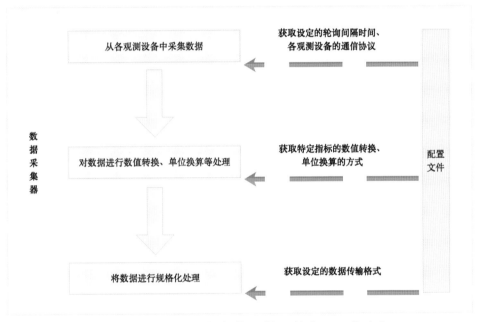

图2-23 数据采集与规格化处理的主要工作流程

四、生态站点组网和传输方案示例

1.单仪器观测站点的组网传输方案

在某些情形下，观测区域仅需用单台观测设备对某特定观测指标（如用负氧离子观测仪器观测区域大气负氧离子值）进行数据采集，并通过设备联网，把采集的数据自动发送至云平台（或计算集群），这时可使用的组网方案示例如图2-24所示。

在数据采集端，可使用RS-232、RS-485等串行通信接口将数据采集器与观测设备连接组网，实现数据的采集与传输。当移动通信网络覆盖良好时，数据采集器可直接通过GPRS协议将站内观测数据传输到云平台；当移动通信网络覆盖较差时，也可采用有线网络技术，将数据传输到生态站内的计算机上。

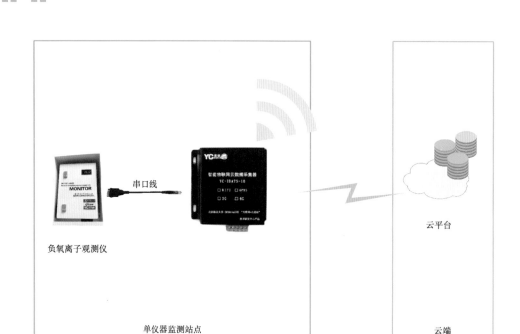

图 2-24　单台仪器监测站点的组网传输方案示例

2. 小范围监测站点的组网传输方案

针对观测区域范围较小（面积 1000 平方米以内）、观测设备分布密集、地势平坦、容易布线的生态监测站点，观测设备可使用的组网传输方案及逻辑结构示意如图 2-25 所示。

在观测区域内，各观测设备可使用 RS-485 串行通信方式进行有线组网并连接到数据采集器，实现多点对单点的通信组网。数据采集器负责实现数据的采集与汇聚，并使用 GPRS 或有线网络通信技术完成观测数据的传输，将观测区域内采集的数据发送至云平台，具体传输方式视移动通信信号覆盖情况而定。

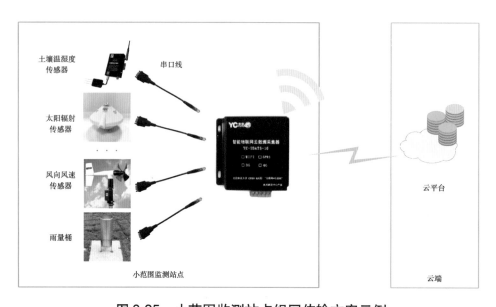

图 2-25　小范围监测站点组网传输方案示例

如果地形较为复杂，部署有线网络较为困难，同时观测样地内传感器的分布不均匀，这时在观测设备之间可利用 ZigBee 或 WiFi 等近距离通信技术实现多个传感器到单个数据采集器的无线通信组网，将观测到的数据发送至样地内设置的数据采集器，组网方式及网络逻辑结构示例如图 2-26 所示。汇聚节点负责将集中采集的数据通过 GPRS 无线网络或有线网络传送到云平台。

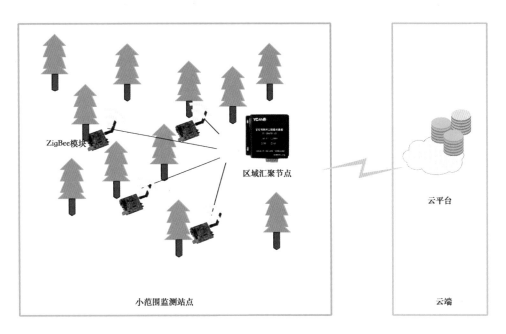

图 2-26　ZigBee 小范围监测站点组网传输方案示例

3. 远距离、多观测区域间的组网传输方案

当一个生态站同时有多个观测区，并且观测区位于山区，相距较远，例如超过 1～2 千米时。此时，ZigBee 等近距离组网技术无法满足各观测区间的无线通信组网需求，这时可使用的组网方案及其逻辑结构示例如图 2-27 所示。

在各观测区域内，观测设备可使用如前所述的 RS-232 或者 RS-485 等串行通信方式或 ZigBee 等无线通信方式，实现观测设备到汇聚节点的多点对单点的通信组网，将各观测区内采集的数据汇集到相应的汇聚节点上，各汇聚节点间采用 LoRa 通信方式完成数据向区域汇聚节点的进一步汇集。之后，区域汇聚节点使用 GPRS 或有线网络通信技术完成监测数据的传输，将数据发送至云平台，具体通信方式视移动通信信号覆盖情况而定。

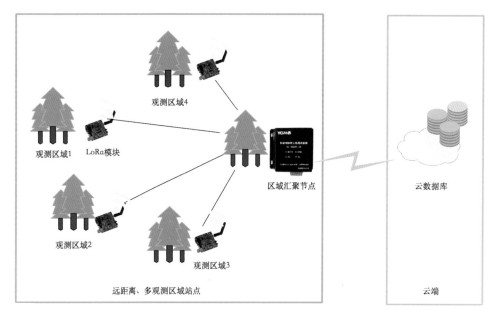

图 2-27   远距离、多观测区域间的组网方案传输示例

第四节   物联网技术在生态监测中的实践案例

一、树干液流观测站点建设案例

树干液流是目前生态站观测和研究工作的重点方向之一。树干液流是土壤—植物—大气连续体水流路径中一个关键的链接，承接了庞大的地下根系所吸收、汇集的土壤水，并决定着整个树冠的蒸腾量，是分析评价树木耗水特性、研究树木水分传输机理的重要指标（赵春彦等，2015），因此，树干液流的研究是森林水文学研究中的重要内容。

为了指导有关单位基于"互联网＋生态站"技术体系开展林分样地树干液流观测研究站点的建设工作，本书特别以江西大岗山生态站杉木种源林树干液流观测为例，介绍相关观测设备的组网、数据采集和传输等建设工作。

（一）基本条件和应用需求

杉木林是大岗山地区具有代表性的林型（王兵等，2002）。经调研，江西大岗山生态站杉木种源林树干液流观测站点的相关观测目标及基本条件包括：

1. 观测目标

树干液流观测场的建设以及观测样本数需要达到一定的规模时，采集的数据才具有研究的价值。大岗山杉木种源林树干液流观测场需要对约 1600 平方米林地范围内的 183 棵杉木安装树干液流传感器进行观测，形成一个树干液流观测系统，观测环境如图 2-28 所示。

图 2-28　江西大岗山生态站杉木种源林树干液流观测点环境

2. 观测站环境条件

观测站处于山地林区内，无市电供用，因此，需采用太阳能板装置为设备供电。此外，在林区杉木相对稀疏的区域内，有 3G/4G 等移动通信网络覆盖。

3. 应用需求

需要通过物联网技术将观测区域内的 183 个树干液流传感设备以及相关的数据采集器进行联网、组网，同时，通过无线传输的方式将采集的数据传输到云平台，达到便捷、实时采集观测数据以及监视采集活动的目的。

4. 相关观测设备

江西大岗山生态站选购了 183 个 TDP（热扩散探针）插针式树干液流传感器。该种传感器利用热量扩散原理，可以根据热源温度的变化感知到树干液流的变化。使用 TDP 测量树干液流的方法具有保持树木在自然生长条件下，基本不破坏树木正常生长状况，可以连续测定树干液流的优点（聂立水和李吉跃，2004），因此，TDP 是目前生态站中常用的测量树干液流的设备，如图 2-29 为 TDP 传感器安装在杉木树干上的示意。

图 2-29　TDP 传感器安装

此外，为了实现 183 个传感设备的组网与传输，选购了 2 台 CR1000 数据采集器设备以及 4 台 AM16/32B 数采扩展板设备。相关设备的基本情况见表 2-4。

表 2-4　江西大岗山生态站杉木人工林树干液流观测点相关设备情况

设备名称	设备类型	设备数量（个）
TDP	传感器	183
CR1000	数据采集器	2
AM16/32B	数采扩展板	4
ZigBee模块	无线通信模块	2

(二) 组网与传输解决方案

1. 传感设备与数采扩展板间的组网

传感设备与扩展板间的组网方式综合考虑了以下 5 个方面的因素：

(1) 观测区域处于地理环境条件较为复杂的山地森林内，且传感设备数量众多，因此，传感设备与扩展板间可选用有线直连的方式进行组网，以方便传感设备的管理与控制。

(2) TDP 树干液流传感器属于模拟型传感器，它的输出值是电压模拟量，因此，需要选用可以传输模拟量的数据信号线。

（3）AM16/32B 数采扩展板可以兼容多种信号输出类型的传感器（包括模拟型传感器、数字型传感器）。

（4）差分信号线可被用于模拟信号量的传输，同时，由于其工作原理可以很好地耦合外界存在的噪声干扰，因此，具备了良好的抗干扰能力（袁智勇等，2004）。

（5）由于传感器设备的数量过多，单个数采扩展板无法集成所有的传感设备，因此，需要根据地理环境的具体情况，将 183 个传感设备进行分组，分别连接到不同的数采扩展板上。

综合以上 5 个因素进行考虑后，最终传感设备与数采扩展板之间的组网方式如下：

每棵观测树木样本上均安装一个 TDP 树干液流传感器，按照具体的地形、树木分布等地理因素，将 183 棵观测树木样本分成 4 组，分别对应着 4 个数采扩展板，其中，使用差分信号线将每个传感器与其对应的数采扩展板进行有线方式的连接组网。此外，数采扩展板需要安装在一个安全箱内已应对复杂的野外环境。图 2-30 为数采扩展板与连接在其上的树木样本的实景，图 2-31 为安全箱内数采扩展板的接线图。

图 2-30 数采扩展板与连接在其上的树木样本的实景

图 2-31　安全箱内数采扩展板的接线

2. 数采扩展板与数据采集器间的组网

观测站内采购的 CR1000 数据采集器同样具备与传感器直接相连并进行采集的功能，但是由于传感器设备较多，且数据采集器的采购价格相对较高，因此，该方案最终采购了 2 个数据采集器来进行数据的采集与传输工作。具体实施步骤首先需要将 183 个传感器分组连接到 4 个数采扩展板上，再将数采扩展板与数据采集器连接，如此只需要占用数据采集器上的 4 组接口，即可实现对 183 个传感器设备的统一控制与管理。

基于前述的观测站内的地理环境特点，以及差分信号线的优点，扩展板与数据采集器间同样使用差分信号线进行连接组网。此外，考虑到现场供电情况较弱，2 个数据采集器之间传输的数据量较大的因素，采用了 ZigBee 无线通信的方式实现 2 个数据采集器间的数据传输。

3. 数据采集器的转发与传输

为了方便站点工作人员对观测数据进行统一管理，2 个数据采集器分成了主数采和副数采两个角色，2 个数采中的数据将汇聚到主数采中，以此便实现了将整个杉木林树干液流观测区域的数据通过 1 个输出源进行输出。

CR1000 数据采集器所采集到的数据会先被存储到采集器内的存储部件上，当接收到外部的数据请求时，将通过采集器里的 4G 通信模块实现采集器内网与外网的数据通信。

该案例内，传感器设备—数采扩展板—数据采集器间的整体组网传输结构示意如图 2-32 所示。

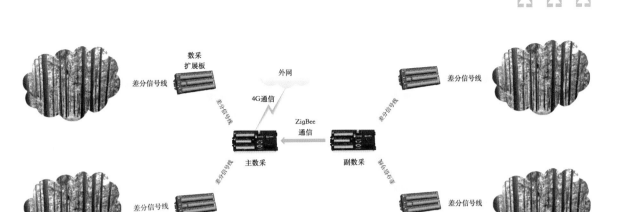

图 2-32　组网传输结构示意

二、城市森林生态系统定位观测研究站建设案例

城市森林生态系统定位观测研究站是一类与城市森林生态监测密切相关的监测站点，配备了监测森林环境质量（大气污染效应、空气负离子、尘降等）、森林气候环境效应（森林生态系统调控温度、降低风速、消减紫外线辐射和热岛效应等）、森林水文监测（降雨量、滞水量、土壤水蚀、涵养水情况等）、森林土壤系统（森林土壤生化物理特性等）、森林生物多样性（动植物和微生物多样性等）等观测指标要素的仪器和设备，主要开展城市森林生态系统长期定位观测、城市森林防控大气污染（$PM_{2.5}$）机制、森林植被与城市环境关系、水源保护以及森林经营策略等方面研究工作，为城市森林生态系统服务评价、城市森林群落结构和演替规律的发现以及城市森林建设和发展政策提供依据。

为了指导有关单位基于"互联网＋生态站"技术体系开展城市森林生态定位观测研究站的建设工作，特别设计一个典型的案例，对某城市森林生态定位观测研究站开展观测设备的组网、数据采集和传输等物联网建设相关工作进行重点展示，其中涵盖空气质量数据从感知到传输的全过程。

（一）基本条件和应用需求

经调研，某城市森林生态系统定位观测研究站的相关观测目标及基本条件包括以下几个方面：

1. 观测目标

需要建设环境质量观测系统，用来观测空气中的 SO_2、CO、NO、O_3 等有害气体的浓度以及 $PM_{2.5}$ 和 PM_{10} 空气颗粒物含量等观测指标。

2. 观测站环境条件

观测站处于市区，有市电供用，有 GPRS、3G/4G 等移动通信网络覆盖。

3. 应用需求

观测站工作人员希望通过物联网技术将观测站设备联网、组网，通过无线传输的方式将采集的数据实时传回实验室，达到便捷、实时获取并采集观测数据的目的。此外，希望能够监控观测站里的各种空气质量观测设备（以下称为现场观测设备）的工作状况，当出现故障时能够实时反馈给工作人员，以便工作人员及时发现并解决问题，避免因故障无人处理而导致的观测数据长时间丢失。

4. 相关观测设备

为了满足以上观测目标的要求，购买5台气体含量观测设备（从数据安全和仪器成本的角度考虑，没有购买原厂生产的数据无线传输装置），2台空气颗粒物含量观测设备，相关设备的基本情况见表2-5。

表2-5　站内相关设备情况

设备名称	监测指标	数据存储方式	可否无线传输	通信接口
设备1	NO浓度	存储在仪器上	不可以	RS-232/RS-485/RJ-45
设备2	SO_2浓度	存储在仪器上	不可以	同上
设备3	CO浓度	存储在仪器上	不可以	同上
设备4	O_3浓度	存储在仪器上	不可以	同上
设备5	CO_2浓度	存储在仪器上	不可以	同上
设备6	$PM_{2.5}$含量	存储在仪器上	不可以	RS-232
设备7	PM_{10}含量	存储在仪器上	不可以	同上

（二）基于 RS-485 总线与 GPRS 的组网与传输解决方案

1. 确定组网的通信方式进行联网

为了满足前述需求，根据观测设备提供的通信接口类型，确定利用 RS-232 有线通信方式实现观测设备和数据采集器之间的联网，数据采集器（从装置）与转发模块（主控装置）之间采用 RS-485 总线菊花链的有线连接方式，转发模块通过 GPRS 与外界网络连接，负责将数据采集器采集的数据进行数据控制、数据融合，并将融合后的数据发送到云平台。组网、传输结构如图 2-33 所示。

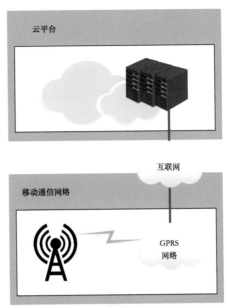

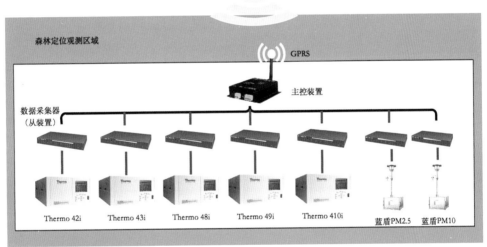

图 2-33 面向城市森林生态系统定位观测研究站的组网、数据采集和传输结构

2. 主控装置设计

主控装置通过 RS-485 总线轮询数据采集从装置起到控制采集的指挥作用。此处主控装置是一个由硬件和软件组成的嵌入式系统，由课题研究小组自主研发，其研发需要设计硬件和软件，在此只重点介绍其软件系统的实现功能和工作原理。其工作流程如图 2-34 所示。当设定的数据采集计时器溢出时，计数器清零，主控装置开始轮询采样从装置，发送命令请求从装置采集数据并上传数据。同时设置等待计时器，判断在设定时间内是否收到从装置的数据应答，若没有，则重复发送请求命令，如果发送命令超过 3 次还未收到从装置应答，则判定数据采集从装置故障，生成从装置故障的工作状态数据。若收到数据应答，则接收数据。随后更改轮询的从装置地址，判断所有从装置是否都已被轮询，若没有则根据地址轮询下一个从装置；若所有从装置都已被轮询，则将采集的数据通过 GPRS 向接入网络的远端服务器发送。最后等待下一次数据采集的计数器溢出，重复以上工作。综上所述，主控装置不

仅起到汇集和传输数据的作用，还能监控数据采集从装置工作状态。

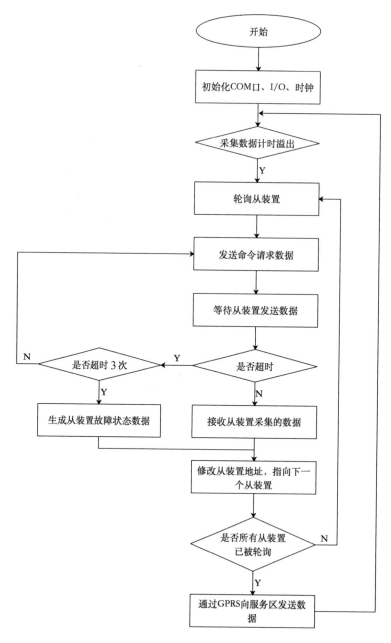

图 2-34   主控装置控制流程

3.研发数据采集器（从装置）

数据采集器（从装置）通过网络从各个观测设备（也称为现场监测设备）获取数据并将数据向主控装置汇集。从装置也是一个由硬件和软件组成的嵌入式系统，由课题研究小组自主研发，其研发需要设计硬件和软件，在此只重点介绍其软件系统的实现功能和工作原理。它的工作流程如图 2-35 所示。通过持续监听 RS-485 总线判断是否收到主控装置发来的命令，若收到，则向连接的现场监测设备发送指令请求数据，同时设置等待计时器，判断在设定时间内是否收到现场监测设备的数据应答；若没有，则重复发送指令，如果发送指令超过 3 次还未收到数据应答，则判定现场监测设备故障，生成设备故障的工作状态数据。若收到数据应答，则接收数据。最后将采集数据或现场监测设备的工作状态数据通过 RS-485 总线向主控装置发送。

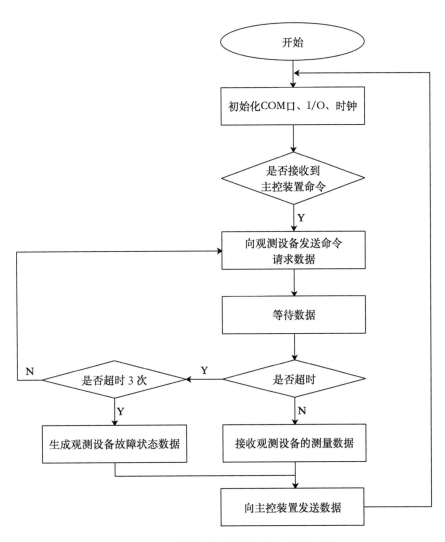

图 2-35　数据采集从装置工作流程

　　在设计数据采集从装置时，由于从装置是直接和不同种类的仪器设备通信，因此，必须清楚与之进行数据通信所要使用的物理层通信协议和命令格式。仪器设备使用的物理层通信协议从接口的外形上很容易判断，例如蓝盾设备的空气颗粒物 $PM_{2.5}$ 和 PM_{10} 浓度监测设备通过 RS-232 串口与外部设备通信。热电系列的空气质量监测设备则不仅支持 RS-232 串口通信，也支持 RJ-45 接口的网络通信协议。但是，与仪器设备进行数据通信的命令格式则不能通过外形看出来，这可能需要和设备生产厂商进行深入沟通，详细咨询他们的技术人员才能够获取。并且不同设备通信的命令格式也不相同，因此，获取设备的通信命令格式是设计数据采集从装置的关键步骤。仍以蓝盾和热电公司生产的空气质量监测设备举例，与蓝盾设备通信的命令格式为 "AA BB E2 F4 CC DD"（十六进制表示），而与热电设备通信的命令格式根据功能不同有很多种表示方式，常用的获取最后一条监测数据的命令格式为"lr01"（字符型表示）。

从主控装置和数据采集从装置组成的系统功能过程描述可以看出，系统不仅能起到数据自动采集的作用，还可以监控现场采样设备的工作状态。数据采集装置故障和空气质量监测设备故障都会形成相应的状态数据和采集到的生态指标数据一起传送给远端服务器，工作人员可通过状态指示迅速辨别设备故障，从而减少因故障导致的长时间数据丢失。

4. 数据传输架构与基本原理

在前述组网的架构下，数据从感知、采集、融合、传输到云平台的整个数据流向如图 2-36 所示。主控装置将获取到的采集数据进行融合并按照 TCP/IP 协议打包，经由 GPRS 上传到云平台。互联网上的终端用户可以通过系统提供的功能，通过网络查看并下载观测数据。

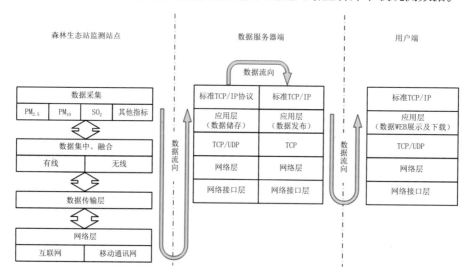

图 2-36　城市森林生态观测物联网数据的传输架构

现今，IT 技术发展成熟，嵌入式系统的实现方式手段多样，实现城市森林生态系统定位观测研究站的联网、组网、数据采集、传输方式也是多种多样。本案例中介绍的基于 RS-485 总线与 GPRS 的数据采集与传输系统具有成本低、兼容性和可扩展性好的特点，尤其在兼容性和可扩展性方面，良好的系统性能非常便于测量设备的接入和监测互联网络的扩充。理论上每个 RS-485 网络可接入的最多节点数为 256 个，表明系统中可接入的监测设备最多可达 256 个。当有新的测量设备加入到系统时，只要将新设备与数据采集从装置相连，并接入到总线系统中，在主控装置中添加访问新设备的代码即可，无需改动原有设备及相关代码，就可实现新监测设备采集数据的自动汇集与无线传输。

三、多观测区、多功能的生态站建设案例

（一）基本条件和应用需求

当前生态站需要建立两个观测区域：一个观测区域用于观测城市空气质量；另外一个是

用于观测气象因子的标准气象观测场，两个观测区域相距较近，约100米。

相关观测项目及基本条件包括以下几个方面：

1. 观测目标

空气质量观测区域用来监测空气中的SO_2、CO、NO、O_3等有害气体的浓度以及$PM_{2.5}$和PM_{10}空气颗粒物含量等观测指标；气象因子观测区域需要建立自动气象站，包括大气温度、湿度、太阳辐射、风力、风向、蒸发量、土壤温度、土壤含水量等因子。两个观测区域分别完成不同的观测功能，形成了多观测区、多功能的生态站类型。

2. 观测站环境条件

观测站处于市区附近，有市电供用，有GPRS、3G/4G等移动通信网络覆盖。

3. 应用需求

观测站工作人员希望通过物联网技术将两个观测区域内分别组网，然后，将两个观测网络组成一个更大的网络，最后，通过无线传输的方式将两个观测区域的采集数据进行融合、打包，一体化传输到云平台。

4. 相关观测设备

为了满足以上观测目标的要求，购买美国热电公司的6台气体含量观测设备（从数据安全和仪器成本的角度考虑，没有购买原厂生产的数据无线传输装置），相关设备的基本情况见表2-6。同时，由于美国热电公司提供的观测设备的数据采集软件是基于PC机运行的，因此，另外购买一台计算机用于运行采集软件，完成对观测数据的采集。此外，还要购买用于自动气象站各种观测因子的传感器。

由于空气质量的监测设备属于精密仪器，因此，需要安装、布设在有空调的密封站房内；气象传感器统一按建站要求，布设到标准气象观测场。

表2-6 站内设备情况

设备名称	监测指标	数据存储方式	可否无线传输	通信接口
设备1	NO浓度	存储在仪器上	不可以	RS-232/RS-485/RJ-45
设备2	SO_2浓度	存储在仪器上	不可以	同上
设备3	CO浓度	存储在仪器上	不可以	同上
设备4	O_3浓度	存储在仪器上	不可以	同上
设备5	CO_2浓度	存储在仪器上	不可以	同上
设备6	$PM_{2.5}$、PM_{10}	存储在仪器上	不可以	同上

（二）组网与传输解决方案

1. 确定组网的通信方式进行联网

根据前述建站的基本情况可知，因为两个观测区同属一个生态站，且两区域的距离较近，因此，组网方案是在两个观测区内分别组网，在每个观测区各部署一个数据采集器，最后，将两个数据采集器连接，通过其中一个数据采集器将采集的数据传输到云平台。

具体组网方法：

（1）空气质量观测区组网。根据观测设备提供的通信接口类型，确定利用 RS-485 有线通信方式将站房内观测设备连接到站房内的计算机（用于运行采集软件），实现空气质量观测区的组网。

（2）标准气象观测场的组网。标准气象观测场采用 RS-485 有线通信方式将各气象因子传感器与气象观测场的数据采集器进行组网，实现气象观测区的组网。

（3）两个观测区间的组网。为了实现将两个观测区的网络组成一个网络，进行一体化数据采集和传输，在空气质量观测站房内，布设一个数据采集器，通过 RS-485 有线通信方式，分别与站房内的计算机以及气象观测区的数据采集器连接，完成两个观测区的组网。

站房内的数据采集器通过 GPRS 与外界网络连接，负责将两个观测区采集的数据进行数据控制、数据融合，并将融合后的数据发送到云平台。

整个组网及传输方式的网络拓扑结构如图 2-37 所示。

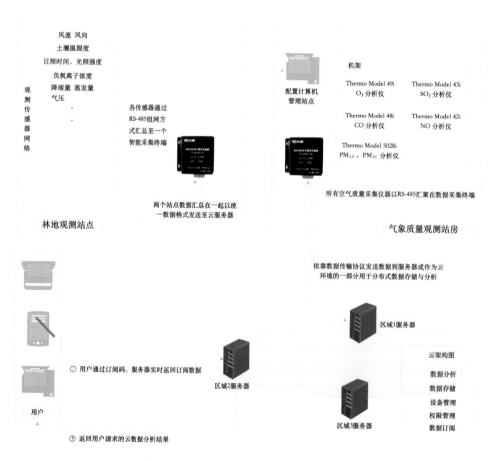

图 2-37　多观测区、多功能生态站组网拓扑结构示意

2. 设计和研发数据采集器

数据采集器可以使用市场上较为成熟的产品，完成数据的采集和传输功能。但针对用户的某些个性化需求，例如需要对数据的采集方式和输出格式进行特殊的管理和控制，则会工作不方便、不灵活，甚至某些情况下很难达到用户的需求。此时，就需要针对相应的个性化需求，自主设计、研发数据采集器。本案例使用的数据采集器便是课题研究小组自主设计、研发的一款数据采集器，其产品外观示意图如图 2-38 所示。

图 2-38 自主研发的数据采集器产品

该数据采集器主要特点是，可进行远程配置与监控，且具备多种通信方式（WiFi、GPRS、3G/4G 等）的远程数据传输功能，并适用于几乎所有传感器的数据采集协议，可支持同时对 255 路传感器进行实时数据采集，内置超大容量存储（SD 存储卡，容量视需求可配 1-64G 甚至更多），并设有缓存机制为长期采集数据进行安全性保障，不会因通信网络差、断电等因素造成监测数据丢失。

数据采集器在硬件设计上是一个以 CPU 为核心、通过一系列电路对传感器产生的数据进行接收、处理、存储并转发，以及可以通过配置文件来适应不同实际情况下组网与传输技术的电子线路模块，其硬件模块和电路设计示意如图 2-39 所示。

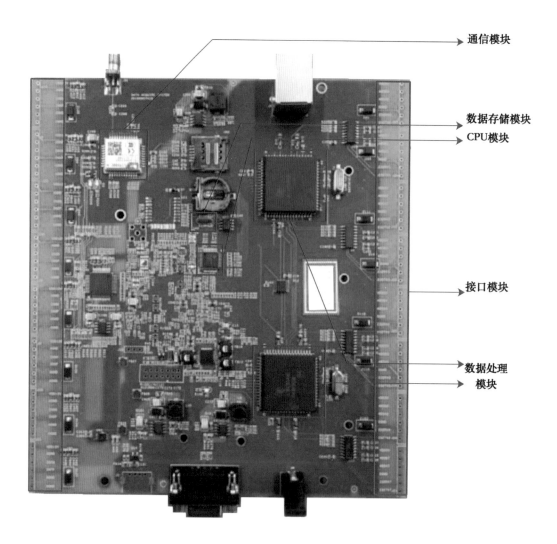

图 2-39　自主研发的数据采集器硬件模块和电路设计

多种观测设备（包括传感器）通过接口模块与数据采集器相连，在 CPU 模块内置程序的控制下，数据采集器将按照设定的轮询间隔定时向各观测设备发送指令请求观测数据，请求得到的数据在经过相应的数据处理模块的转换、融合、打包等操作后，一方面会被存储到数据存储模块，以方便日后的数据重传与查询；另一方面将通过通信模块把处理后的数据发送到云平台。

目前该数据采集终端已应用于多个生态站点，经测试，在包含当前森林生态监测业务中的所有类型站点的数据采集中均工作良好。通过使用该数据采集终端，即使是异构的生态站点也能在整个生态站点网络中良好地发挥自身作用，从而屏蔽底层各个不同的站点配置、通信协议以及数据格式等。

3. 采集数据传输

根据组网的拓扑结构，两个观测区的采集数据最终通过空气质量监测站房的数据采集器一体化传输到云平台，其传输的原理和过程如下：

（1）将处理后的采集数据封装到 MQTT（一种消息发布／订阅传输协议）的数据包内。MQTT 协议是由 IBM 提出的面向物联网的通讯协议，其简洁、高效、可靠等特征非常适合用于构建消息推送服务（邓雨欣等，2019）。利用 MQTT 协议实现数据的发送和订阅工作原理示意如图 2-40 所示。

图 2-40 MQTT 协议工作原理示意

（2）利用 GPRS 移动通信网络将 MQTT 数据包转发并传输到 MQTT 代理服务器的缓存中。

（3）云平台的接收程序从 MQTT 代理服务器的缓存中订阅到数据采集器发送的数据包，最终将数据包进行解析整理后得到的观测数据存储到云平台数据库中，目前 MQTT 协议已广泛地应用在各个领域（陈阳等，2020）。

四、升级与改造现有已建生态站的案例

我国的生态站建设自 20 世纪末开始逐步发展至今，期间数据的采集、传输、存储以及可视化的技术也在不断地迭代更新，产生了许多应用不同协议、不同技术的针对生态站建设各个阶段的产品（于贵瑞等，2016）。在高新科技的推动下，生态站建设的进程一直处于快速发展的状态中，从一开始的人工采集、人工记录、人工制表展示，到设备定时采集、设备本地数据存储、人工定期提取数据并制表展示，再到设备定时采集、智能云端数据存储、网络平台数据多样化展示，每个新的阶段都给生态监测工作者们的工作带来了效率和质量的提升。有很多已建站点目前正面临着升级改造，由第二阶段向第三阶段进行转换，而针对已建站点开展基于"互联网＋生态站"技术体系的升级与改造问题是研究的主要方向。

（一）已建生态站的主流应用模式

我国现阶段的诸多生态站虽然都已实现指标数据的长期定时采集、指标数据的存储以及指标数据的分析，基本能够满足国家生态监测和相关生态研究工作的需求，但是目前的生态站工作还未能实现真正的高度自动、智能与高度互联。

已建生态站受限于已有条件的限制，目前部分子站仍然采用的是设备定时采集数据、设备本地存储数据、人工定期从设备本地提取数据再进行人工统计分析的模式。其中，使用的典型的数据采集器是美国 Campbell 公司 CR 系列的数据采集器，不同类型的传感器与 CR

采集器上不同类型的采集通道相连接，CR 采集器根据其内部的配置文件定时扫描各通道进行数据采集与计算，并将采集结果存储到设备本地，之后工作人员将根据需要，定期从设备本地读取和导出数据。导出方式有两种，第一种是工作人员到站上通过 CR 仪器上的 RS-232 串口与电脑直连进行数据采集（图 2-41）；第二种是工作人员根据 CR 仪器内指定的 IP 地址，在远程计算机上配置该 IP 地址的虚拟串口，然后使用厂家提供的 LoggerNet 软件通过该虚拟串口将数据下载到计算机本地。数据下载到计算机本地后，工作人员需要对数据进行整理，最后得出统计分析的报表。

图 2-41　工作人员在现场进行数据导出工作

上述的生态站应用模式具有以下三个特点：一是应用老牌传统的数据采集器，成熟的技术使得其与各种类型的传感器都能较好兼容，保证了数据定时采集的稳定性；二是早期建站时由于移动通信网络覆盖条件较差等因素，没有安装部署相应的无线传输模块，无法实现采集数据实时、自动、持续、稳定地上传到远程服务器，这极大地增加了生态站工作人员的工作量；三是在当时的历史条件和当时信息技术发展的大背景下，人们没有云平台存储管理的概念，各个站点的数据独立存储，无法实现站点间的互联共通，这极大地限制了大量生态数据的挖掘与联动分析。

（二）已建生态站点升级与改造的解决方案

针对以上特点，为了能够实现方便、快捷地对站点进行升级改造，本节给出一种对已建生态站点进行升级改造的解决方案。

该解决方案的总体思路是通过增加一个中间组件，在保留站点原有数据采集器的采集功能的情况下，新增数据自动上传云平台的功能，同时在中间组件对数据进行处理实现各站点数据的统一存储。

以某一森林生态站的气象观测站点数据传输的改造为例。该站点采用的是 CR1000 数据采集器，CR1000 数据采集器内部已经集成了市场上现有的大部分传感器的采集传输协议，可以长期稳定地与连接在其上的数十个传感器进行交互，实现多个指标数据的定时采集，因此，在站点升级改造的过程中可以选择保留使用 CR1000 数据采集器的采集功能。以下介绍如何在保留 CR1000 数据采集器数据采集功能的情况下，通过新增中间组件，新增数据自动上传云平台和数据统一存储的功能。

1. 采集数据自动上传并存储到云平台

市场上现有主流的数据采集器上都配置能与外部进行数据交互的串口，且不同的数据采集器与外部进行数据交互的协议不尽相同。以 CR1000 数据采集器为例，仪器上的 RS-232 串口便提供了与外部进行数据交互的功能（图 2-42），其与外部进行数据交互使用的传输协议是 Modbus 协议。

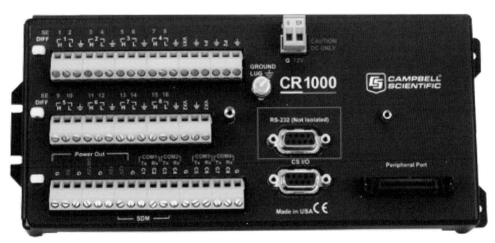

图 2-42　CR1000 数据采集器的 RS-232 串口

Modbus 是一种串行通信协议，是目前在工业电子设备之间常用的连接方式。Modbus 协议包括 RTU、ASCII、TCP 三种报文方式，其中 Modbus-RTU 最为常用，CR1000 与外部通信使用的就是 Modbus-RTU。

由课题研究小组针对 CR1000 数据采集器自主设计研发的中间组件主要由通信串口、CPU 处理芯片、4G 通讯模块等组成（图 2-43）。

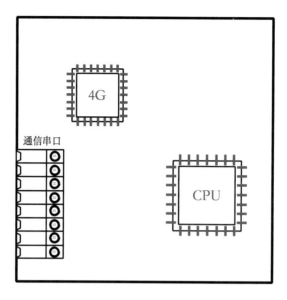

图 2-43　中间组件重要模块示意

　　在了解到 CR1000 所使用的通信协议后，便可在中间组件里针对指定协议进行相应的程序开发，以实现 CR1000 与中间组件间的数据通信。

　　CR1000 数据采集器根据其自身的内置程序已定时将数值进行采集并存储到设备本地，中间组件在 CPU 模块内置定时程序的控制下通过串口和相应报文定时从 CR1000 中获取数值，获取到数值再经过 CPU 模块内置数据处理程序的处理后转换成统一的数据包格式，最后将数据包通过移动通信模块（GPRS、3G/4G 等）发送到云平台（图 2-44），其中，中间组件与云平台服务器间的数据交互方式参考前述案例。

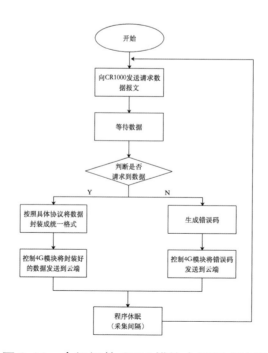

图 2-44　中间组件 CPU 模块内置程序流程

2. 不同数据采集器的数据格式统一

多站点数据的统一存储指的是将不同站点使用的不同数据采集器里各异的数据格式统一成一致的数据格式进行存储。如江西大岗山国家级森林生态站的气象观测站使用的是CR1000数据采集器，而大气颗粒物观测站使用的是CR300数据采集器，两种采集器内部存储的数据格式显然存在差异，因而需要在两者对应的中间组件的CPU模块内置数据处理程序里进行相应的不同处理，以此将数据格式进行统一。具体的数据处理流程则根据各采集器的不同情况具体编写。

通过增加中间组件的方式对生态站点进行升级改造可以帮助现阶段的开发者们减少与大量型号各异的传感器间的交互工作，从而将更多的精力投入到如何优化数据的存储、分析与展示的工作中，因此，这不失为一种高效快捷、省时减力的生态站升级改造方法。

五、森林氧吧户外LED屏生态数据展示案例

随着我国国民生活水平的日渐提高，人们对清新的空气、干净的水、健康的食品期望值也愈来愈高。健康生态，成为人们当前生活新诉求，与之相伴生的森林康养产业在林区悄然兴起，成为新时期林业发展新业态。各地政府正积极响应由林业主管部门推动的全国森林体验基地和全国森林养生基地试点建设工作，利用本地自然条件，大力推行森林康养产业建设，以期创造新产业经济，提升经济增长质量。为了以直观、形象、易懂的方式，更好地展示与森林康养有关的重要生态因子的实时状况，让更多的公众了解森林康养的知识，本案例将介绍森林康养基地户外LED屏数据展示系统的建设方案。

（一）建设目标与应用需求

为配合森林康养基地建设，需要在康养基地中人流较为集中的区域设立一个户外LED屏实时展示所处地点的环境质量数据。

相关的建设目标及应用需求如下：

1. 建设目标

户外LED展示屏的实现首先需要环境质量指标观测系统的支持。LED屏设立区域附近需要搭建环境质量生态观测系统，观测的指标包括负氧离子浓度、温度、湿度、空气含氧量等。最终实现的户外展示效果如图2-45所示。

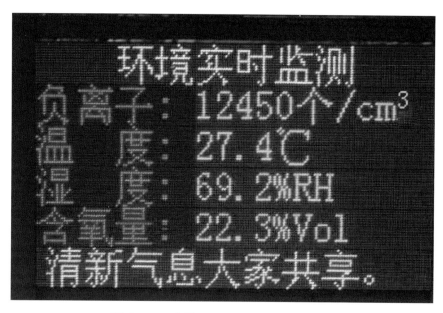

图 2-45　户外 LED 屏展示项目示例

2. 应用需求

工作人员希望通过物联网技术将观测区域内的各环境质量指标传感器与数据采集器进行有效组网，在连续的测量过程中，一方面通过无线传输的方式将观测区域的采集数据进行打包处理并传输到云平台；另一方面将数据传输到 LED 屏的控制卡内，以实现数据的实时展示。

3. 相关观测设备

为了满足以上观测目标的要求，需购置观测指标传感器若干，数据采集器 1 台，数据处理及转发 PC 机 1 台，LED 显示屏 1 台，LED 控制卡一个，以及 DTU1 个（用于将串口数据转换为 IP 数据或将 IP 数据转换为串口数据，通过无线通信网络进行传送的无线终端设备）。

（二）组网与传输方案

1. 组网拓扑

本案例在组网拓扑结构上与上述案例的差异主要在于增加了数据从 PC 端到 LED 屏的通路，其组网拓扑如图 2-46 所示。

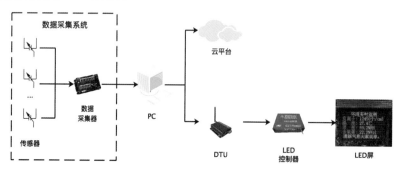

图 2-46　LED 屏展示项目组网拓扑

2. 传输方案

数据采集系统内的数据传输以及数据采集器与 PC 端、PC 端与云平台间的数据传输方案可参考前述案例，下文主要介绍数据从 PC 端到 LED 显示屏间的传输方式。

实时数据传输到 PC 端后，PC 中配套的数据处理程序将数据通过 Internet 发送到与之配对的 DTU 设备上，DTU 设备通过 RS232 串口与 LED 控制器进行通信，LED 显示屏便可即时相应 LED 控制器所接收到的数据。具体传输方案如图 2-47 所示。

图 2-47　PC 端与 LED 屏数据传输通路

通过上述案例所建成的户外 LED 屏展示项目是生态观测领域的新应用，它为生态观测成果的快速转化、扩大宣传、增加公众对森林生态效益的了解等提供了新的途径，扩大了生态建设的社会影响，具有借鉴与推广的价值。

第三章

"互联网＋生态站"的云环境技术

当生态站数据采集器将采集、汇聚后的观测数据传输给云平台的数据缓冲池后，云平台上的监听程序在监听到有上传来的观测数据后，需要将监听到的观测数据融合到云平台上，并进一步通过恰当的数据存储技术，对融合后具有大数据特征的观测数据进行存储。为此，本章将根据云环境下生态站观测数据融合和存储的技术需要，介绍"互联网＋生态站"的云环境、生态站观测数据融合、大数据存储及缓存等技术的实现技术和方法。

第一节　面向生态观测大数据的云环境技术

生态站观测数据呈现大数据特征，具有指标数量多、数据类型丰富、长期连续性、观测频度差异大等特点。尤其是当多个生态站将观测数据传输到云平台后，生态观测指标类型、观测频度、观测数据规模呈现爆炸式增长，云平台上的生态观测数据所表现出的大数据特征更加明显。为满足生态观测大数据持续汇聚、集成、存储以及后续挖掘分析等工作对信息化基础设施的需要，本节将基于云计算技术，重点介绍面向生态观测数据的云环境关键技术。

一、生态站观测数据云计算环境的需求

对于单一站点，长期观测所产生的观测指标数量以及观测数据的规模都相对较少，需要的信息化基础设施资源，如计算资源、存储资源和网络资源等数量较低，往往一台独立的服务器即可满足信息化基础设施需求，无需借助云计算技术搭建信息化基础设施。但是，随着区域联动生态分析需求的增加，需要将多个站点的观测数据接入到服务器中，开展融合分析。这样，多个站点长期、持续传输到服务器上的数据呈现大数据增长特征，对体现信息化基础设施功能的服务器提出的需求如下：

1.动态扩展

当生态站增加一项观测指标或一类观测指标时，或提高观测指标的采集频率时，服务器需要持续增加更多的计算资源、存储资源以及网络资源，以确保新增的观测数据不影响现有服务器的各项服务性能。

2.按需服务

为确保服务器提供持续、稳定、可用的服务，需要在不停止服务的同时，动态、按需、弹性地增加存储资源、计算资源以及网络资源。

3.管理维护

服务器需提供计算资源、存储资源以及网络资源动态监测工具以及服务器资源安全管理工具，以保证在相关资源需求增加的同时，及时通知服务器管理人员开展相关资源的动态调整工作和安全维护工作。

传统单一服务器和服务器集群无法同时满足上述需求。与此同时，为使科研人员、政府管理人员更加准确、客观把握生态现状和发展规律，跨站、跨区域的生态观测数据联合分析、对比分析和森林生态的服务价值精准分析工作对多站融合的生态观测数据信息化基础设施提出了更高的要求。针对上述需求，可通过云计算技术提供的虚拟化等技术手段，依据生态站观测数据管理规范、经费预算等，为生态观测数据提供云化的信息化基础设施资源，满足生态站观测数据对服务器资源"动态扩展""按需服务"和"管理维护"等方面的需求。

二、云计算关键技术及其在生态观测数据处理中的应用

（一）云计算的关键技术

云计算的关键技术可概括为虚拟化技术（Mohamed O. Elsedfy 等，2019；Mostafa Noshy 等，2018）、分布式技术（张晓丽等，2018）和云环境管理技术，如图3-1所示。

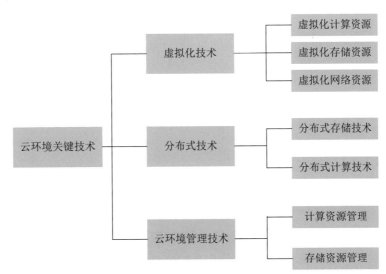

图 3-1　云计算的关键技术示意

（二）虚拟化技术及其在生态观测数据处理中的应用

1. 虚拟化技术

云计算的虚拟化技术是指以软件的方式对云环境的各类资源（计算、存储和网络资源）进行虚拟化供给。通过虚拟化技术，使用者无需关心传统硬件环境搭建时硬件配置等细节，只需关注于存储资源、计算资源以及网络资源的技术参数，如存储需要的空间大小及存储类型，计算所需要的CPU主频，网络所需要的IP地址、通信端口、链路带宽、防火墙规则等。使用者提供存储、计算以及网络资源配置参数后，云计算技术会在逻辑上虚拟出满足用户需求的虚拟化服务器，并可以随时按需动态调整虚拟资源（吴松等，2019；唐震等，2017；刘珂男等，2017）。虚拟化技术如图3-2所示。

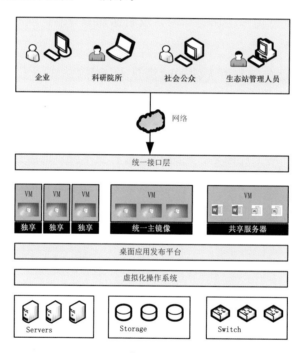

图 3-2 虚拟化技术示意

2. 虚拟化技术在生态观测数据处理中的应用

虚拟化技术能够提供按需、动态、弹性、可配置的云平台资源（含存储、计算和网络资源等），满足生态站观测数据持续、长期、稳定的存储需求，同时，虚拟化技术还可确保服务器在不间断服务的同时动态调整各类资源以满足需求。

（三）分布式技术及其在生态观测数据处理中的应用

1. 分布式技术

云计算的分布式技术（Yinan Xu 等，2020；Cheng-Fu Huang 等，2020；Blesson Varghese 等，2019）是指将一个存储任务和计算任务划分成粒度更小的存储和计算子任务，然后根据云环境下各服务器存储和计算资源的使用情况，将各个存储和计算子任务分发到各个服务器上，由各服务器并发、单独完成子任务，提升任务处理效率。分布式技术如图3-3所示。

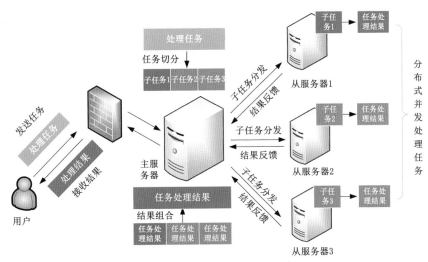

图 3-3 分布式技术示意

2. 分布式技术在生态观测数据处理中的应用

在生态监测领域中，分布式存储任务分发机制能够在满足生态观测数据日益增长的存储需求的基础上，提供与传统高性能服务器类似的存储和处理效率。同时，分布式存储技术可以对生态观测数据进行多次备份，还可解决单一服务器情况下存储数据容易丢失或数据文件损坏等技术问题，进而提升生态站观测数据的可用性。

分布式计算任务的分发机制可提高数据分析的效率。在进行大规模、跨区域和多时段的观测数据分析和挖掘等计算任务时，分布式分发技术能够根据任务的复杂度和各服务器当前的资源使用情况，选择云环境下最为合适的服务器完成数据的分析和挖掘等计算工作，从而提高用户处理任务的响应效率。

例如，大范围的生态效益评价工作不仅需要大量的观测数据作为输入参数，还需要在有效的时间内返回正确的计算结果。和传统的单机计算环境相比，分布式技术可以对可并发处理的数据以及应用任务进行并行化，充分发挥服务器集群优势。

（四）云环境管理技术及其在生态观测数据处理中的应用

1. 云环境管理技术

云环境管理（Gaith Rjoub 等，2020；Wei Wei 等，2020；GISELLA REBAY 等，2018）的分布式资源具有规模较大、分布位置分散以及计算任务多样化等特点，如何有效地管理这些服务器并提供不间断的服务是巨大的挑战。云环境管理技术是解决该问题的关键技术，它借助于云操作系统、云环境管理的算法（沈耿彪等，2020；苏铿等，2020；Pan Jun Sun，2020），如资源调度算法、状态检查算法、故障恢复算法（Moin Hasan 等，2018；王意洁等，2017；Mehdi Nazari Cheraghlou 等，2016）等，将管理的大量服务器资源进行按需配置，使得各个服务器能够更好地协同工作。

2. 云环境管理技术在生态观测数据处理中的应用

在生态监测领域中，大量的使用者为生态领域的专家、学者以及从业人员，并不了解云环境的各类调度算法以及硬件资源的管理方式。通过云环境管理技术，提供可供配置的图形化操作界面，屏蔽了通过复杂命令进行虚拟化技术、分布式管理以及各类云环境的安全技术配置的细节，方便生态领域专家、学者和从业人员使用云环境提供的信息化基础设施资源。

三、"互联网＋生态站"的云平台实现技术

云计算技术提提供了3种与领域应用相结合的模式，分别是与公有云结合、私有云结合和混合云结合，形成了为领域应用提供信息化基础设施资源的公有云、私有云和混合云。

（一）各类云平台及其特点

1. 公有云及其特点

公有云通常是指根据云平台的使用者提出各类资源需要，通过第三方云平台提供商提供所需的相关资源。

公有云通常使用互联网（即 Internet）访问各类资源和服务的途径。

公有云的优势：使用者或单位无需购置任何信息化基础设施，如服务器、网络互联设备、安全设备等，仅需关心各类资源的配置参数（如所需的 CPU 核心数量、内存容量、硬盘容量、网络带宽等）以及分布地点（如国内华东地区、国外地区等），并向云平台的提供商租赁并缴纳资源的使用费用即可。云平台提供商按需提供各类信息化基础设施资源。

公有云的不足：使用者或单位需要遵守公有云提供商要求的各类安全措施，如各类通信端口的开放等；公有云的安全性受限于云平台提供商提供的安全服务。

目前，国内公有云提供商较多，如阿里云、腾讯云和华为云等。不同提供商提供的公有云服务类似。

2. 私有云及其特点

私有云通常是指通过使用者或单位自行购置服务器，利用云操作系统搭建云平台，提供个人或本单位所需要的信息化基础设施资源。

私有云通常使用局域网或 VPN（virtual private network，即虚拟专用网络）访问各类资源和服务。

私有云的优势：搭建单位无需支付云平台资源的租赁费用，可以随意购置和搭配所需的软硬件环境；在发现云平台运行问题时，搭建单位无需像公有云那样提交工单等待审批，可直接采取相应的措施进行处理；与公有云相比，云平台上数据和数据处理的模型存储在个人搭建的云平台内，可避免数据外流和丢失风险。

私有云的不足：搭建单位需要具备一定程度的云环境搭建的能力；需要自行购置所需的硬件资源、网络资源和安全防护资源等；搭建单位需要专门的网络管理或者信息化技术人员，负责云平台的综合管理和日常维护等工作等。

3. 混合云及其特点

混合云通常是介于私有云和公有云之间的一种云平台类型，它是使用者或单位同时采用了公有云和私有云2种模式构建云平台的一种模式。

混合云的优势：融合了公有云和私有云的特点，降低了使用者或单位对公有云的依赖；降低了私有云的运营和维护成本；可以避免单纯采用公有云时的潜在数据外流或丢失风险。

混合云的不足：搭建单位需按照网络传输要求、数据处理要求以及安全要求等约束，将各类业务进行科学划分，确定哪些业务在公有云的环境下执行，哪些业务在私有云的环境下执行，并保障业务划分的科学性和合理性，以上工作提高了搭建单位的运维成本和工作复杂度。

(二)"互联网＋生态站"的公有云平台实现技术

1. 搭建公有云平台的技术路线

基于公有云搭建并实现云平台的技术路线如图3-4所示。

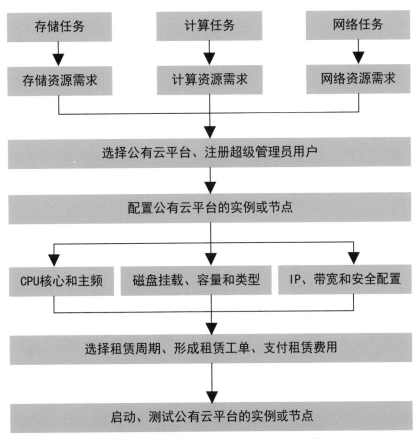

图3-4　公有云平台的实现技术路线

（1）估算存储、计算和网络资源的需求。根据软件工程中软硬件条件需求的估算方法，综合对生态站观测数据的存储、分析和网络互传等业务进行分析，计算生态站观测数据在高峰时期和日常使用时回传、存储和分析所需要的存储资源规模、计算资源规模以及网络资源规模。通常选择高峰时期与日常时期的平均资源消耗作为云平台资源的选取依据。

以网络资源中的带宽选择为例，在高峰时期经过测算需要 10 兆比特／秒带宽，在日常时期需要 1 兆比特／秒带宽，则可选择 5 兆比特／秒带宽作为云平台资源选取的依据。在高峰时期或带宽无法满足用户请求的时候，可在云平台管理系统中临时提升带宽到 10 兆比特／秒。

（2）公有云平台的选择与账号注册。公有云平台提供商选择依据：云平台的成熟度、云平台是否提供动态、弹性服务情况、云平台的租赁价格和使用云平台所要遵守的各类安全要求等。如，2018 年公有云提供商的排行榜见表 3-1。

表 3-1　2018 年公有云提供商排行榜及租赁价格

元

云服务器	主机名	免费套餐		1核1G		1核2G		2核4G	
		个人	企业	1年	3年	1年	3年	1年	3年
阿里云	ECS	6个月	6个月	774.60	1513.80	1234.20	2215.80	3019.20	4375.80
腾讯云	CVM	7天	6个月	647.40	1170.00	1045.80	1890.00	2171.28	3924.00
百度云	BCC	9.9元/首月		657.36	1461.24	976.08	2037.24	2001.96	3924.00
京东云	—	1个月	6个月	790.00	2370.00	1030.00	3090.00	2110.00	6330.00
华为云	ECS	—	—	672.00	1630.00	1072.00	2350.00	2172.00	4330.00

注：＊注意以上数据随市场情况随时变化，具体数据以查询时为准。

在选择云平台提供商后，需要注册超级管理员账户。超级管理员根据各类资源的估算需求，负责云平台的租赁、管理、维护与云平台进行业务沟通等工作。

（3）计算公有云平台的节点（实例）数。根据估算得到的云平台资源需求，计算平台所需的节点数量。在计算节点数量时，通常以当前公有云平台提供的中等弹性节点配置为基础，计算所需的节点数量。除计算节点数外，还需对节点位置进行选择。通常根据"就近原则"租赁距离数据产生源头较近的公有云节点，以减少数据传输时延。比如：大岗山生态站将搭建一个公有云平台，如果选择阿里云为云平台提供商，可从现有阿里云提供的亚太区实例列表内，选择就近的华东区（杭州）申请实例。

（4）配置公有云节点（实例）。通过公有云平台提供的图形化界面，配置每个节点的计算资源（如 CPU 或主频）、存储资源（如磁盘挂载节点、磁盘容量和磁盘类型）、网络资源（如 IP 地址、端口映射、带宽大小、各类防火墙的出入站安全配置）等信息，然后选择需安装的操作系统和其他软件环境。其他软件环境的定制需求，如数据库、邮件系统、短信系统等，可在节点配置时选择相应的服务器。

（5）明确租赁周期、形成工单并支付租赁费用。根据云平台运行和服务周期，明确各节点的租赁周期，通常以年为单位租赁各个节点或实例。根据申请节点的云平台资源以及租赁周期，形成租赁工单并支付工单费用。

（6）启动和测试云平台的节点或实例。云平台提供商根据用户配置信息自动安装相关的软件系统。

安装和配置完成后，超级管理员启动节点，通过云平台的控制台查看节点状态。待节点完全启动后，超级管理员可以通过云平台提供的平台管理界面启动和测试各个节点或实例。

超级管理员也可通过远程桌面、SSH（secure shell，一种通过命令行方式远程连接服务器的程序）等方式直接访问各节点，测试网络互通、节点运行情况和日志记录情况等。所有测试通过后，可开展云平台数据存储环境的搭建工作。

（7）云平台运行监控。可以通过云平台提供的控制台程序监控各个节点的运行状态。

2."互联网＋生态站"的公有云实现案例

目前，市场上云平台提供商推出了多种公用云产品。在这些产品中，ECS（elastic compute service）是一种通用的公有云服务的产品。

本节以阿里云提供的 ECS 为例，依据图 3-4 的流程，介绍公有云平台的实现流程。

（1）注册阿里云账号。登陆阿里云官网，进入阿里云注册界面，输入个人相关信息，完成阿里云账号的注册工作，该账号将作为云平台的超级管理员账号。

（2）选择实例的地域。阿里云提供了多个实例地域的选择，根据生态站的位置，为降低数据传输延时，选择距离生态站或数据产生源位置较近的实例。

阿里云上的实例和服务器节点是相同的概念，都指虚拟的服务器节点。为便于以阿里云举例，后续采用实例代表服务器节点。

（3）选择实例的规格。可以通过阿里云提供的配置模板和自行定制两种方式设定实例的软硬件配置。其中，模板是具有一定普适特点的配置方案，使用者可在模板基础上，根据需求，对部分软硬件进行个性化微调，如内存和 CPU 核心数量等，其他保留模板配置，从而减轻实例配置的复杂性。本节以模板为例，介绍实例配置的方法。

默认情况下，阿里云提供了多种不同的常规的实例规格。假设当前生态站点的观测数据指标较少（通常在 10 个指标以内）、观测频度较低（平均每天采集 1 次），可选择最基本的单核 CPU2GiB 的实例规格，以满足生态站的常规业务需求。当生态站观测数据数量以及频度提高的情况下，可按需提升配置的规格。

由于云平台具有弹性的软硬件配置，当生态站观测数据指标、数据量和观测频度提高的情况下，可实时提升实例的配置。

（4）选择实例的镜像。阿里云提供了主流实例镜像，主要包括 CentOS、Ubuntu、Aliyun Linux 以及 Windows Server 等。实例镜像可以理解为服务器节点的操作系统，可根据服务节点运行的业务系统选择适当的实例镜像。阿里云提供的实例镜像如图 3-5 所示。

图 3-5　阿里云提供的镜像示意

（5）选择实例的网络带宽。在选择阿里云的网络带宽时，需要综合考虑多种因素，如网络资源、存储资源以及计算资源等。阿里云提供的网络带宽的选择如图 3-6 所示。

按固定带宽和按使用流量是网络带宽的付费模式，前者表示按照固定的带宽租赁阿里云，后者表示按照实际云平台使用的流量付费。

图 3-6　阿里云网络带宽选择示意

（6）选择实例的购买数量、租赁时长。根据生态站的业务需要，选择购买实例的数量以及租赁时长。例如，将租赁 1 台实例并租赁 11 个月，操作方法如图 3-7 所示。

图 3-7　阿里云实例购买数量、购买时长的示意

（7）购买实例。完成实例的配置之后，将形成支付订单，订单支付后，可在阿里云提供控制台上监管租赁的实例状态。实例如图 3-8 所示。

在控制台中，可通过网页远程连接实例、临时和永久升降配置等综合管理操作。

图 3-8　阿里云实例示意

（三）"互联网＋生态站"的私有云平台实现技术

基于私有云搭建并实现云平台（Zhihui Lu 等，2017）的技术路线如图 3-9 所示。

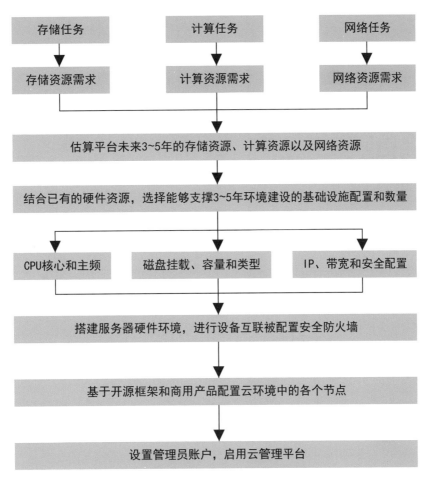

图 3-9　私有云平台的实现技术路线

1. 估算存储、计算和网络资源的需求

与公有云实现方式类似，私有云实现也需首先估算云平台资源的需求。不同之处在于，还需根据数据存储和处理现状以及数据增长趋势，对未来 3 ~ 5 年所需的私有云信息化基础设施资源进行预估。依据预估结果选购服务器、网络互联设备、供电设备等。

2. 选购硬件资源

在选购硬件设备前，可以根据使用个人或单位现有硬件情况，如服务器、服务器机房、安全设备和互联设备等，考虑是否能够复用这些资源。应坚持利用云计算技术盘活现有硬件资源的使用效率，避免重复购置和建设等原则，补充私有云实现所需的额外硬件资源并适时、适情进行服务器机房的施工和建设工作。

3. 搭建硬件环境

搭建硬件环境，组合形成云平台的服务器集群，配置网络设备与安全防护设备，确保网络的可用性、可靠性和安全性。

4. 实现云平台

可通过商业软件或开源软件搭建云平台。常用的商业软件如 VMware，开源软件如 OpenStack。

5. 设置云平台管理员账户并测试节点（实例）

设置云平台的管理员账户，并测试节点（实例）的通信情况。

(四)"互联网＋生态站"的混合云平台实现技术

混合云的搭建（József Kovács 等，2018）可借鉴私有云与公有云的实现方式。区别之处是明确哪些业务在公有云平台完成，哪些业务在私有云平台，公有云和私有云平台的交互方式和数据传输的安全性等。

比如，围绕生态站观测数据回传、存储和安全的使用需要，公有云负责接收采集器传输的数据并将数据转发到私有云平台上。私有云负责数据的存储、分析和应用。采用上述分工能保证观测数据全部存储在私有云平台上，提高了数据的安全性，同时，还可避免单纯采用某一类型云平台所产生的传输效率和计算复杂等问题。

四、云计算的服务模式与"互联网＋生态站"云平台

云计算主要提供 3 种典型的服务模式（Souad Ghazouani 等，2017），分别是 IaaS（基础设施即服务）（Jian Guo 等，2015）、PaaS（平台即服务）和 SaaS（软件即服务），三种服务模式的依赖关系、主要操作人员、提供云平台服务的通用性以及业务需求的满足程度如图 3-10 所示。

IaaS 是一种与服务器等物理设施较近的的云平台服务模式，PaaS 在 IaaS 基础上提供更加接近业务需求的云平台服务模式，而 SaaS 是建立在 PaaS 之上，与业务需求最近，直接满足用户需求的云平台服务模式。

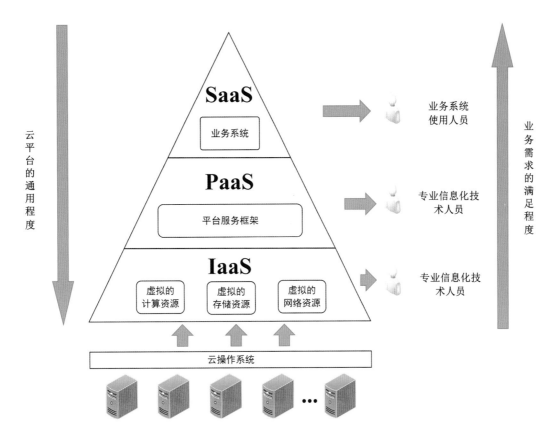

图 3-10 云平台 3 种服务模式的依赖关系示意

（一）IaaS 的特点与"互联网 + 生态站"云平台的关系

1. IaaS 的定义和特点

Iaas（董瑞志等，2020）是将云操作系统部署在不同的服务器、磁盘存储阵列等计算机硬件基础设施上，通过虚拟化技术、分布式技术和云环境管理技术，将各种硬件资源虚拟化为统一的、逻辑的信息化基础设施，并按照用户定制的资源需求，提供虚拟的信息化基础设置资源。

使用 IaaS 提供的云平台时，用户需要明确所需的各类资源需求，并直接在云平台提供的计算、存储和网络资源等基础设施上进行业务系统环境的搭建、业务系统部署以及业务系统维护等工作。

国内外主要云平台提供商所提供的服务均属于 IaaS，如美国 Amazon 提供的弹性云平台产品 EC、中国阿里巴巴和腾讯提供的 ECS 产品等。

由于 Iaas 只提供了虚拟化的信息化基础设施资源，使用者还需搭建环境并进行业务系统的开发工作，因此，IaaS 的服务模式只适合具有专业信息化人才的机构使用，并不适合一般机构、企事业单位直接使用。

2. IaaS 模式下实现"互联网＋生态站"云平台的主要工作

结合上节提及云计算平台实现方案，选择 IaaS 服务模式搭建"互联网＋生态站"云平台需开展的主要工作包括：

（1）构建云平台。参照本章"互联网＋生态站"云平台实现技术完成"互联网＋生态站"云平台信息化基础设施的构建工作。

（2）搭建运行环境。该步骤是 IaaS 服务器模式区别于其他云计算服务模式的关键工作。在"互联网＋生态站"云平台上搭建观测数据存储、分析和应用所需的开发语言及工具、数据库及中间件、运行容器或框架等运行环境，示例需求及示例环境安装内容见表 3-2。

表 3-2　IaaS 运行环境部署示例

环境类型	示例需求	环境安装示例内容
开发语言及工具（必须安装）	面向对象语言：如Java、C#、C++等	在云平台的各个服务器上安装业务系统所需版本的Java虚拟机或.NetFramework
	脚本语言：如Python、Go、Js等	在云平台的各个服务器上安装业务系统所需版本的Python、Go运行环境
数据库及中间件（选择性安装）	数据库管理系统：如MySQL、SQL Server、MongoDB等	在云平台的数据库服务器上安装业务系统所需版本的MySQL、SQL Server或MongoDB
	分布式数据库系统中间件：如MyCat等	在云平台的数据库服务器上安装与MySQL对应的中间件
运行容器或框架（选择性安装）	Web服务器容器：如Apache、Nginx等	在云平台的Web服务器上安装Apache等Http容器
	大数据运行框架：如Hadoop、Spark等	在云平台中集群的各个节点上部署Hadoop或Spark
	Web服务器框架：如Struts、Spring等	在云平台中Web服务器上部署Struts或Sping等

（3）构建数据库和部署业务系统。在 IaaS 服务模式下，参照本章"互联网＋生态站"云平台实现技术，在云平台的 Web 服务器和数据存储服务器上构建数据和搭建业务系统。如果在云平台上申请由一台服务器完成 Web 服务和数据存储功能，则在同一服务器上开展相关工作。

（4）测试和维护工作。在 IaaS 服务模式下，参照本章"互联网＋生态站"云平台实现技术，模拟用户对云平台开展测试，验证网络的互通性、功能的完善性以及功能的返回结果的正确性等工作。在系统运行过程中，按需对系统进行维护工作。

（二）PaaS 的特点与"互联网＋生态站"云平台的关系

1. PaaS 的定义和特点

PaaS（王进文等，2019）是建立在 IaaS 之上的云计算服务模式，它依托 IaaS 提供的信息化基础设施资源，为用户进一步提供有关业务系统实现所需的系统软件、开发模块、运行框架、编程工具和数据分析工具等一系列业务系统搭建所需的服务。这些平台服务能够方便专业的开发人员更加高效和高质量地设计和开发相关业务系统。

使用 PaaS 提供的云平台时，用户无需关心业务系统所需的信息化基础设施资源，只需关注业务流程的设计和实现工作。与 IaaS 相比，各类信息化基础设施资源的估算、申请和管理对用户是透明的，用户将更加专注于业务系统的设计和实现工作。

目前，国内外较为成熟的产品包括：Amazon 提供的关系数据库系统服务器、Google 提供的开发平台 App Engine、Microsoft 提供的云端开发工具、新浪微博提供的开发微博插件开发平台、微信提供的小程序开发平台等。

与 IaaS 类似之处在于，PaaS 的服务对象仍是具有专业信息化技能的用户。差别之处在于，IaaS 服务对象可具体为软件工程或者软件项目管理过程中的系统工程师等人员，PaaS 服务对象为软件工程或软件项目管理过程中的需求分析、系统设计和实现人员。

2. PaaS 模式下实现"互联网＋生态站"云平台的主要工作

以微信小程序平台开发为例，介绍 PaaS 模式下实现"互联网＋生态站"云平台的主要工作。

在"互联网＋生态站"云平台上，通常需要利用微信平台将森林的生态观测数据或统计数据推送到用户手机终端上，以便公众及时了解森林对气候调节、固碳释氧的作用等，为森林康养、提升公众环保意识奠定基础。使用微信小程序平台实现上述推送功能小程序的主要工作包括：

（1）注册账号。在微信公众平台上注册微信小程序的账号，包括小程序的主体信息（发布小程序的单位类型）、身份认证信息（机构提供法人证明，个人提供身份证明）、管理员信息等。注册上述信息过程中还需提供相关的佐证资料。提交注册信息后，等待微信公共平台审核。

（2）完善开发相关信息。审批通过后，还需添加小程序的开发人员和测试人员。完善人员信息后，可获得开发所需的 APPID，该 ID 将作为小程序开发的唯一认证标识。

（3）开发程序。根据生态观测数据发布系统的业务需求和用户使用分析结果，设计小程序的业务流程，然后下载小程序开发工具开发满足微信平台开发要求的程序。

（4）部署和发布。将开发后的小程序部署到微信公众平台上，设置小程序的访问域名、说明信息以及测试人员信息，并提交代码审核。

（5）测试和维护。代码审批后，可以使用测试者账号对小程序进行各类测试。测试完成后，可发布小程序或关联小程序到某一公众号，以便用户访问。在使用过程中，可以通过微信公众平台提供的管理工具查看小程序的访问情况和运行情况。当小程序出现错误或需要升级的时候，可对小程序进行升级和完善。

在上述过程中，微信公众平台为生态观测数据发布的程序提供了 PaaS 服务，开发人员只需要根据微信提供的开发环境，结合业务需求进行程序开发，无需关心微信小程序运行过程中所需的各类资源。

对于其他提供了 PaaS 服务模式的云计算平台，其使用过程和微信公众平台的步骤类似，同样也包括了注册、开发、部署和维护等工作。开发人员可参照微信公众平台上程序的开发方法进行 PaaS 模式云平台的使用。

（三）SaaS 的特点与"互联网＋生态站"云平台的关系

1. SaaS 的定义和特点

SaaS（孙昌爱等，2018）是建立在 PaaS 之上的云计算服务模式，它使用 PaaS 提供的各类开发工具、开发框架以及运行框架，设计并构建满足用户需求的业务系统、业务平台以及业务接口服务，用户可直接登录到 SaaS 提供的系统和平台开展业务工作。

使用 SaaS 提供的云平台时，用户不仅无需关心业务系统所需的各类资源情况，也无需关心业务系统的开发框架以及设计方法，可以直接使用相关的业务系统。因此，SaaS 的目标用户直接为业务系统用户。

由于 SaaS 是满足具体领域需求的一种云平台服务模式，因此，目前 SaaS 的成熟产品多与具体领域相关，如 Microsoft 公司提供的在线 Office 365 系统，提供了全部的 Office 工具，用户只需登录系统，就可以随时随地在浏览器中编辑 Word、Power Point 和 Excel 等文件。又如腾讯文档业务，用户只需登录到腾讯文档，就可以开展在线办公业务。目前，提供 SaaS 服务的产品虽然较多，但多集中在办公通用领域，面向特定领域需求的 SaaS 云平台较少。

2. SaaS 模式下"互联网＋生态站"云平台的实现方法

以"互联网＋生态站"云平台的业务系统为例，介绍 SaaS 模式下实现"互联网＋生态站"云平台的主要工作。

在"互联网＋生态站"云平台上，面向领域专家，需实现多站点生态观测数据查看、统计分析、下载、共享等数据处理业务，以方便专家们及时获取生态监测数据，开展多尺度的生态规律分析和研究工作。为此，系统设计和实现人员可在 SaaS 模式下，实现满足上述需求的业务系统，然后提供专家登录系统的凭证信息，专家可直接使用相关业务系统。

（四）不同服务模式下"互联网＋生态站"云平台的对比分析

综合 IaaS、PaaS 和 SaaS 服务模式特点，在不同服务模式下，"互联网＋生态站"云平台的实现方法的对比分析如图 3-11 所示，其中，灰色背景代表某一服务模式下云平台提供给用户的信息化服务，白色背景代表"互联网＋生态站"的相关业务系统所开展的工作。

图 3-11　3 种服务模式与云平台实现的对比分析

"互联网＋生态站"云平台将综合运用 IaaS、PaaS 和 SaaS 服务模式特点，构建具有分层结构且满足领域专家、行政管理人员和社会公众对生态观测数据采集、存储、分析、挖掘、展示以及决策支持等需求的业务系统，综合体现观测数据在生态规律挖掘、生态价值分析和生态循环科普等方面的价值。

第二节　生态观测大数据融合技术

本节结合生态观测数据融合的需求，通过逻辑分层的方法，提出云环境下多站观测数据融合的体系结构以及拓扑结构。

一、生态站观测数据融合的需求

云平台环境搭建完成之后，为有效获取到不同生态站传输到云平台上的观测数据，需要在云平台上开展监听程序的部署、数据融合体系结构、拓扑结构的设计和实现工作。

1.数据融合的内涵

数据融合技术（Nick JB Isaac 等，2020；Daniel Salas 等，2020）是指在一定准则、标准、规范的要求下，对具有时序特点的观测数据（如生态站各类观测因子数据）进行监听、捕获、拆包和合并等工作，进而形成体现区域特点或行业特定需要的、完整的数据资源。

数据融合技术多用于多信息源、多平台和多用户系统中，起到重要的多源数据统一协作，便于数据使用和分析人员能够系统、准确、有效地开展各类数据处理工作（Yiming Lin 等，2019；孟小峰等，2016）。

比如，在云平台上生态观测数据融合过程包括了生态观测数据监听、捕获、拆包解析等过程，在该过程中监听程序会自动地监听和捕获到来自于多个生态站数据采集器传输的观测数据，解析传输内容中的观测数据指标类型、指标数据以及各类控制信息，将解析后的观测数据按照指定的格式和要求整合并及时提供给负责生态观测数据的存储中心。数据融合流程如图 3-12 所示。

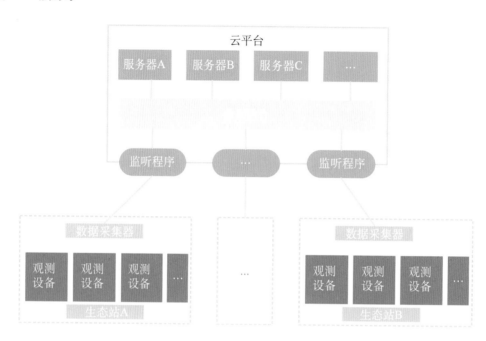

图 3-12　数据融合流程

2. 生态站观测数据融合的需求

结合数据融合技术内涵，为了更好地融合生态站观测数据，应开展如下工作：

（1）需要在云平台上部署监听程序，以便监听并接收生态站数据采集器传输到云平台上的观测数据。监听程序运行在云平台上，负责监听指定端口的生态观测数据传输请求。当捕获数据后，监听程序按照传输协议内容拆包和解析观测数据。

（2）在监听程序成功解析生态站观测数据后，需要设计生态观测数据融合的体系结构和拓扑结构，以便更好地将各生态站上观测数据融合、按规定的数据存储方式存储并形成完整的生态观测大数据资源。

二、生态站观测数据融合的体系结构

生态站观测数据融合的体系结构如图 3-13 所示。

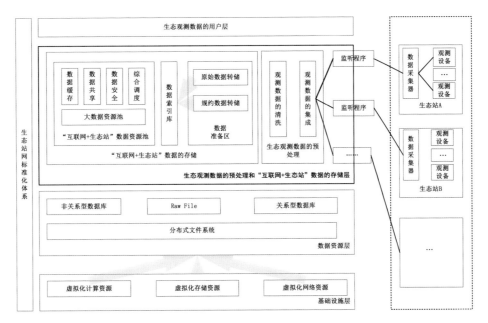

图 3-13 生态站观测数据融合的体系结构示意

生态站观测数据融合的体系结构为"四横两纵"。其中，"四横"自底向上分别是基础设施层、数据资源层、生态观测数据预处理和"互联网＋生态站"数据的存储层以及生态观测数据的用户层。"两纵"分别是不同区域的生态站点以及生态站网标准化体系。

基础设施层使用云计算技术，对远程的服务器集群进行虚拟化操作，以 IaaS 服务模式，形成满足生态站观测数据的融合、存储、管理、分析及可视化等业务的云平台资源。

数据资源层通过分布式文件系统，面向数据分析和展示场景需要，以 PaaS 服务模式，提供面向生态观测大数据存储需要的分布式文件系统、面向传统关系数据的关系型数据库以及面向图像和视频文件存储需求的 Raw File。其中，分布式文件系统主要用于存储生态观测大数据资源，关系型数据库可用于存储结构化观测数据。

生态观测数据预处理和"互联网＋生态站"数据的存储层分别通过大数据预处理技术和存储技术实现对数据采集器发送到云平台上的观测数据进行融合和存储，形成跨区域、跨站点、满足标准规范的生态站观测数据资源池。

其中，生态站观测数据预处理技术主要由观测数据的监听和数据集成技术组成。其中，观测数据集成的任务是输出满足行业标准的规范化关系型的生态站观测数据，主要技术包括：观测数据的抽取、单位转换以及数据规约等，有关内容将在第四章详细介绍。

传统的数据预处理技术采用先清洗后集成的方式，考虑到生态观测数据处理过程中需要保留从原始观测数据到清洗后的规范化观测数据的版本溯源要求，因此，在进行数据预处理设计时，先将多站汇聚到的原始生态观测数据集成入库，形成可用于后续数据处理和回溯分析的原始数据版本，然后结合生态观测数据的标准和规范，进行数据清洗等操作，再形成具有规范化特点的生态观测大数据版本。

生态站观测数据的存储使用大数据存储策略，将生态站观测数据存储到数据库中，并使用大数据缓存机制、安全机制、共享机制、调度机制以及索引机制，确保各类生态站观测数据的分析和应用能够及时、可靠、可用、可信地使用所需的生态站观测数据。

生态观测数据的用户层以 SaaS 模式满足各类用户对生态观测数据的业务应用需求，如生态效益评价、空气质量变化分析、气象因子变化分析等。

三、生态站观测数据融合的拓扑结构

（一）拓扑结构

生态站观测数据融合拓扑结构由"4 个区域 +6 类用户"构成，如图 3-14 所示。4 个区域分别是"互联网＋生态站"云平台、云平台管理区域、生态站点物联网观测区域以及生态站综合实验楼的办公与研究区域。六类用户分别包括企业、社会公众、行业主管单位、云环境管理人员、生态观测站点办公和科研人员、科研院所及其他事业单位。

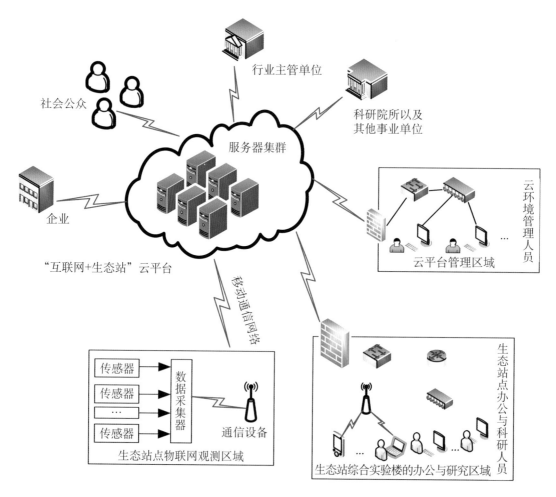

图 3-14　生态站观测数据融合的拓扑结构示意

（二）拓扑结构各组成部分的主要职能

1."互联网＋生态站"云平台

"互联网＋生态站"云平台采取云计算技术，将服务器集群虚拟化为按需配置的信息化基础设施资源，根据多站点数据融合的需要以及生态站观测数据分析、统计、挖掘和可视化的需要，提供虚拟的云平台资源。

2. 云平台管理区域

云平台管理区域负责对云平台的安全状态、负载状态以及网络状态进行监控和运维管理。

3. 生态站点物联网观测区域

在生态站点物联网观测区域中，将观测区域物联网数据采集器获取和汇聚的水分、土壤、空气、生物多样性等生态观测因子的感知信息，传输到"互联网＋生态站"云平台。

4. 生态站综合实验楼的办公与研究区域

在生态站综合实验楼的办公与研究区域中，办公人员和研究人员可以在电脑前及时了解远端生态观测数据采集区情况和设备运行情况，访问云平台中的各类观测数据，实现自动化数据采集；还可以访问其他生态站共享到云平台中的观测数据，进行尺度更加广泛的跨站统计、分析、挖掘和可视化等科学研究工作。

5. 六类用户

根据各类用户观测数据的应用需求，云平台可以为各类用户分配不同的观测数据使用权限，在满足个人权限控制的约束下，安全、高效地使用云环境提供的生态站观测数据资源。如，生态观测站点的办公与研究人员能够查看所属生态站的全部原始观测数据，国家林业和草原局、区域行业主管单位可查看该站统计或分析后的可视化图表，社会公众仅有权限查看云平台向社会发布的数据。

第三节 生态观测大数据存储技术

一、生态站观测数据存储的需求

对于多站融合后的观测数据，需依据其数据特征，开展数据模型选择、逻辑结构设计以及存储管理配置等工作。

1. 数据模型选型需求

数据模型主要分 2 两种，分别是关系数据模型（SQL）和非关系数据模型（NoSQL）（Henning Köhler 等，2018）。部分学者综合了 SQL 和 NoSQL 提出了新关系型数据模型（NewSQL）（崔斌等，2019），但其数据管理的原理还是依赖于 SQL 和 NoSQL。本节重点针对使用范围较广的关系型和非关系型数据存储模型进行介绍，并设计相关的适用于生态观测数据管理的逻辑组织结构。

2. 逻辑结构设计需求

逻辑结构是指在数据模型选择的基础上，确定数据的组织方式和逻辑关系。例如，在关系型数据库中，采用二维表作为逻辑结构，需要设计二维表的表头信息以及表的关系信息；在非关系型数据库中，可采用 Key-Value（键值对）的方式作为逻辑结构，需要设计 Key-Value 的内容（Wanchun Jiang 等，2019），如图 3-15 所示。

关系型数据的二维表结构				键值对的存储结构
Student				{
id	name	gender	age	"stu_id":"1",
1	Tom	Boy	23	"stu_name":"Tom",
2	Jack	Boy	24	"stu_gender":"1",
3	Rose	Girl	36	"stu_age":"23" }

图 3-15　数据逻辑结构组织示意

在确定数据模型的基础上，需要根据观测数据的特征、数据类型等具体情况设计并构建合适的数据存储结构。

3. 存储管理配置需求

存储管理配置是指在分布式数据存储的云环境下进行主从数据服务器的指定、各服务器数据读写任务负载参数、数据备份设定、备份时间以及数据安全管理权限等配置工作。

需在构建存储结构的基础上，对生态站观测数据进行分布式存储管理配置。

二、生态站观测大数据存储关键技术

在云平台节点上，为存储生态观测大数据，需首先安装、部署、配置各节点上的分布式文件系统，然后在分布式文件系统上搭建非关系型数据库。也可通过分布式数据库中间件在关系型数据库基础上直接搭建支持大数据的分布式数据库。

常见的大数据存储技术包括：以非关系型数据模式为代表的大数据分布式文件存储技术，如 HDFS（hadoop distributed file system）等；以关系型数据模型为代表的分库分表技术，如 MyCat 数据中间件等；以分布式数据缓存为代表的大数据缓存技术，如 Redis 等。

本节将分别介绍上述实现大数据存储的关键技术以及与生态站观测数据存储任务结合的方法和实例。

1. HDFS

HDFS（金国栋等，2020；周江等，2014）是（google file system，GFS）的开源实现，为 Hadoop 项目的核心子项目，它是一种建立在分布式节点上的文件系统，是一个主／从式

（Mater/Slave）体系结构，其中拥有一个主节点（NameNode）和多个从节点（DataNode）。主节点管理文件系统的元数据，如数据在集群中的位置，从节点存储实际的数据。

HDFS 由四部分组成（Tyler Harter 等，2014），包括 HDFS Client（客户端）、NameNode（主节点、名称节点）、DataNode（从节点、数据节点）和 Secondary NameNode（辅助主节点），其组成结构如图 3-16 所示。

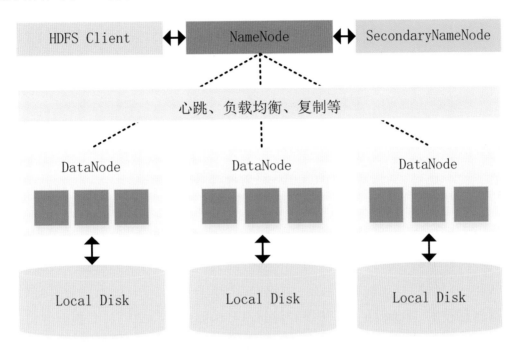

图 3-16　HDFS 的组成结构示意

主节点负责数据的位置管理工作，为数据使用者提供数据存储定位等服务，通常设置一到两台主节点，两个主节点的数据相互备份提高数据的可用性。

从节点负责数据的存储和备份工作，在主节点的控制下，将规模较大的数据分割成多个小的数据块，以便存储在不同的从节点上，在使用文件时，再将不同节点上文件组合形成原始文件反馈给用户。

HDFS 目前已成为行业主流的分布式文件系统，在电子商务领域、智慧医疗领域、智能交通等领域具有广泛的应用。

在生态观测数据的大数据存储过程中，HDFS 可存储来自生态站观测区物联网数据采集器发送的数据。

2. MyCat

MyCat 是一个面向关系型数据库的分布式组件，其核心功能是将 1 张大表格水平分割为多个小表，然后将小表存储到多台服务器中，通过分库分表存储的策略实现分布式存储的目的（Jintao Gao 等，2020）。使用者无需关心分库分表的具体细节，可以像使用一台关系型服务器一样使用分布式关系型数据库。MyCat 分库分表（崔斌等，2019）流程如图 3-17 所示。

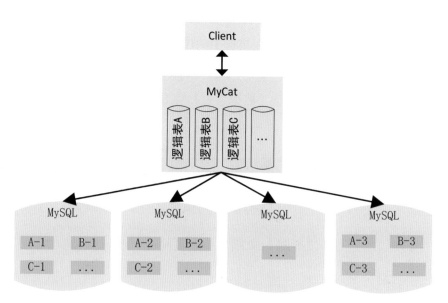

图 3-17　MyCat 分库分表示意

MyCat 来自 2013 年阿里的 Cobar 的开源版，截至 2015 年，已成为大多数公司的数据解决方案。适用于将单机环境下关系型数据库搭建的存储环境升级为分布式环境下关系型数据存储环境。

3. Redis

数据缓存技术（Feng Lu 等，2019；Gerhard Hasslinger 等，2017）是提升业务系统响应效率的主要存储手段，它采用"近期访问数据会被多次访问"以及"80%的访问集中在20%数据上"的假设，将近期访问或近段时间访问较为频繁的数据从存取速度较低的设备(如外部存储器——硬盘、存储网络) 备份到存取速度较快的设备（如内部存储器——内存）上。当用户需要对数据执行读取、修改、统计和可视化等操作时，能够更加快速地获取到所需数据，进而提升相关业务的执行效率、响应速度和用户体验等。

数据缓存技术（刘俊龙等，2015）在数据存取和数据处理过程中的角色如图 3-18 所示。

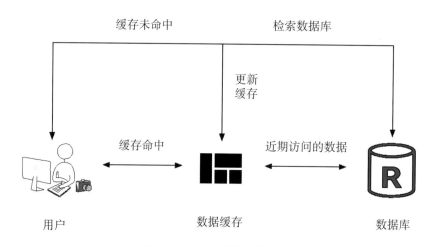

图 3-18　数据缓存的角色

实现数据缓存的主要步骤如下：

（1）搭建并初始化数据缓存。对数据缓存的实现技术进行选型，然后下载并配置缓存相关参数，如容量、复制方式、存储结构、过期时间等信息。配置成功后，启动数据缓存。

（2）对近期访问的数据进行缓存。监听近期用户访问的数据，如果访问的数据在数据缓存中，则直接使用缓存中的数据，如果未在缓存中，则查询数据库，将数据库检索结果保存到缓存中的同时，将查询结果反馈给用户，以便近期用户访问相同数据时，直接从缓存中获取。

（3）按需或定期更新缓存内容。根据缓存数据设定的过期时间，根据用户检索的新数据，替换缓存中的过期数据，保持缓存数据中的时效性。

（4）按需执行数据同步。当用户对缓存中的数据进行修改、删除的时候，为确保缓存中的数据与数据库或外部存储的数据具有一致性，需执行数据同步操作。

（5）缓存数据的持久化。在缓存关闭或者迁移前，需要对缓存中的数据进行持久化操作，即将缓存中的数据保存到本地，以便在下次缓存启动时，可以恢复缓存关闭或迁移前的缓存数据状态。

目前，有多种可供选择的数据缓存技术，但是面向大数据处理过程中的分布式缓存要求，通常采用 Redis（杨冬菊等，2018）作为数据缓存的实现技术。Redis 是一种分布式环境下大数据缓存技术，其技术特点如下：

（1）在内存中存储。为了提升 Redis 的缓存访问速度，Redis 采用内存作为存储介质。内存在关闭机器的电源后，就不再保存其中的数据。因此，在关闭服务器或者计算机之前，需要对 Redis 进行数据的持久化操作。

（2）Key—Value 存储结构。Redis 采用访问效率较高、但存储结构简单的 Hash 表结构。在 Hash 表内部采用 Key—Value 存储缓存数据，其中，Key 代表数据的标识，Value 代表数据的数值。比如，缓存当前站点的温度数据，可以使用两个 Key—Value 对表示，其中一个 Key—Value 表示温度，Key 为 'Temperature'，Value 为摄氏温度，表示为 '21'，另一个 Key-Value 表示温度的采集时间，Kye 为 'Time'，Value 为精确到日期时间，如 Value 为 '20190901'。

（3）支持分布式存储。分布式环境下，读取数据和写入数据是两个常见的数据操作，通常读取数据的访问量高于写入数据的访问量，在大数据环境下，单一服务器或者计算机的内存容量和处理效率有限，难以同时支撑高并发的读写操作。因此，可采用 Redis 提供主从结构架构，设置 1 台主服务器和多台从服务器，将数据的更新操作提交给主服务器负责，数据更新后与主服务器和从服务器进行数据同步，确保数据的一致性，将数据的读取操作提交给从服务器负责，进而实现数据的读写分离。

（4）支持高可用配置。在分布式环境下，因程序问题、服务器问题、网络通信问题经常影响数据缓存的可用性。Redis 提供了哨兵机制，能够对主、从服务器上的 Redis 程序进行监听，当发现某些服务器上 Redis 长时间停止响应的时候，可以通过程序实现主、从服务器的切换，确保数据缓存服务持续可用。

三、基于分布式关系型数据库（MyCat+MySQL）的存储实现技术

在生态观测数据的存储过程中，很多现有的软件系统采用关系型数据库进行存储。如：MySQL。某些存储生态观测数据的核心表格，具有数据规模大等特点，影响了该表的访问和更新效率。对于这类系统，可通过 MyCat 对关系型数据库进行改造，以实现分布式环境下的生态观测数据存储。

1. 流程

使用 Haproxy+Keepalived+MyCat+MySQL 进行分布式观测数据存储的具体流程如图 3-19 所示。

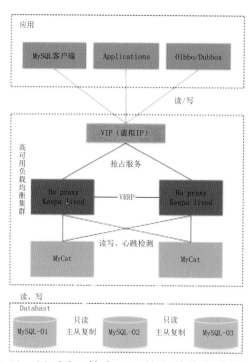

图 3-19　MySQL 的高可用的负载均衡集群示意

2. 环境安装

Keepalived 和 Haproxy 必须装在同一台机器上，Keepalived 负责为该服务器抢占 vip（虚拟 ip），抢占到 vip 后，对该主机的访问可以通过原来的 ip 访问，也可以直接通过 vip 访问。一般哪台主机上的 Keepalived 服务先启动就会先抢占到 vip。也可以通过配置 Keepalived.conf 中的 priority 来决定优先级。

Haproxy 负责将对 vip 的请求分发到 MyCat 上。起到负载均衡的作用，同时 Haproxy 也能检测到 MyCat 是否存活，Haproxy 只会将请求转发到存活的 MyCat 上。如果一台服务器

（Keepalived ＋Haproxy 服务器）宕机，另外一台上的 Keepalived 会立刻抢占 vip 并接管服务。

Keepalived 是集群管理中保证集群高可用的一个服务软件，其功能类似于 Heartbeat，用来防止单点故障。

Haproxy 是一个使用 C 语言编写的自由及开放源代码软件，其提供高可用性、负载均衡，以及基于 TCP 和 HTTP 的应用程序代理。根据官方数据，其最高极限支持 10G 的并发。

高可用负载均衡的分布式 MySQL 集群由 Haproxy 与 Keepalived 组合实现，Keepalived 负责实现集群的高可用，Haproxy 负责实现集群的负载均衡。常见的 MySQL 的高可用、负载均衡的配置一般都是采用上述二者的配置。

3. 分库分表

MyCat 的核心功能就是实现分库分表的业务。现在的 web 开发，大表的设计越来越常见，千亿数据量的数据表下查询满足一定过滤条件的数据是比较慢。

为此，把关联条件不是很大的数据表分库，也就是分别存储在不同的数据库下，而关系性比较紧密的大表进行分表处理。而具体的分表策略 MyCat 提供了很多，例如：枚举、id 取模、日期范围等。

4. 读写分离、主从复制配置

在实际的生产环境中，对数据库的读和写都在同一个数据库服务器中，是不能满足实际需求的。无论是在安全性、高可用性还是高并发等各个方面都是完全不能满足实际需求的。因此，通过主从复制的方式来同步数据，再通过读写分离来提升数据库的并发负载能力。一台主、多台从，主提供写操作，从提供读操作。

5. 性能监控

MyCat-eye 提供对于 MyCat 的性能监控。控制面板如图 3-20 所示。

图 3-20　MyCat-eye 控制面板

使用传统的关系型数据库来做数据的分布式存储时，很多的存储配置需要手动去配置实现，比较麻烦。但是传统数据库的操作相较于分布式数据库而言会简单一些，上手比较容易。

四、多站点生态观测数据联合分析结果缓存实现技术

在"互联网＋生态站"云平台上，集成了多个区域、不同站点、各类指标要素的生态观测数据，领域专家和行业主管人员等平台用户通常需要对某一站点的某一生态指标要素进行长期的环比、同比等周期性分析，同时，还需要针对多区域、跨站数据进行更加复杂的大尺度对比分析，以便科学、准确地掌握区域生态环境变化规律和森林生态总体效益情况。

在开展上述生态观测数据分析时，如果不引入数据缓存策略，将导致查询、分析和挖掘的时间效率显著下降。在一个 3 台服务器（1 个主服务器 +2 个从服务器）的集群环境下，对径流数据以月为周期开展年度环比分析，使用数据缓存和未使用数据缓存的响应时间对比如图 3-21 所示。图中横坐标表示样例数据的规模，从 0.5 ~ 1.5G，纵坐标为环比计算 30 次的平均响应时间，单位为秒（s）。

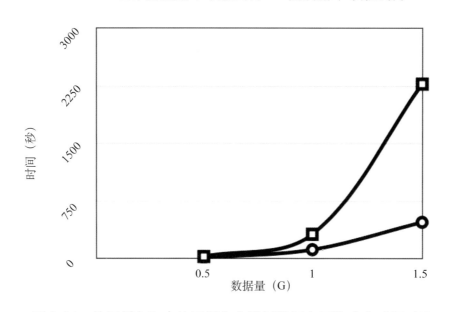

图 3-21　使用缓存和未使用缓存在样例数据中平均响应时间对比示意

图 3-21 中数据结果表明，使用数据缓存后的统计分析平均响应时间显著低于未使用数据缓存的情况。随着生态观测数据量的增加，未使用缓存的统计和分析的平均响应时间将呈现指数级别增长。

在应用缓存技术时，还需确保数据查询、分析和统计服务的持续可用性，即使当平台所部署的集群出现部分程序失效、通信连接中断以及服务器宕机等情况下，仍然能够持续为用户提供服务。为此，需要在"互联网＋生态站"云平台上实现高可用的数据缓存技术，提升复杂生态规律分析以及观测数据挖掘的服务响应效率和响应质量。

（一）生态观测大数据缓存架构

基于大数据缓存技术（Redis）的多站点生态观测大数据缓存架构如图 3-22 所示。

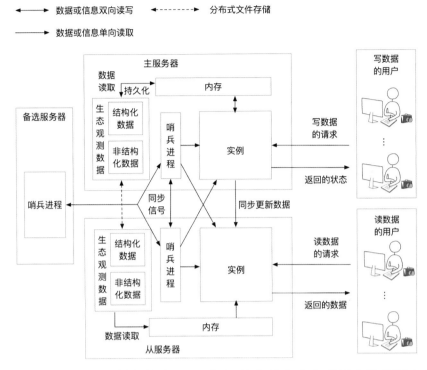

图 3-22 基于大数据缓存技术（Redis）的多站点生态观测大数据缓存架构

架构图由 4 部分构成，分别是读写用户部分、主服务器部分、从服务器部分和备选服务器部分。其中，主服务器通常设置 1 台，从服务器设置多台。

1. 用户部分

读写用户为研究、分析和使用生态观测数据的领域专家和行业主管人员。在使用过程中，按照对生态观测数据的读写行为将用户细分为读数据用户和写数据用户。其中，读数据用户通常执行数据环比、同比等计算操作或已有数据的获取操作等。

写数据用户通常是对读取数据进行修改操作。为提升读写效率，选择主服务器为写用户服务，从服务器集群为读用户服务。

2. 主服务器部分

主服务器运行 Redis 的主节点实例，负责数据修改响应、Redis 实例同步和数据持久化等操作。数据修改响应主要接受用户修改的数据请求，并将请求的实际运行结果反馈给用户。Redis 实例同步负责将修改后的数据同步到从服务器的相关 Redis 实例上，确保不同 Redis 实例数据的同步性，由于在缓存数据中写操作的次数显著少于读数据的操作，因此，Reids 数据同步不会造成过度的网络通信。

数据持久化操作是指在定期将内存中修改的数据同步到分布式的文件中系统中，确保内存和外存数据的一致性。

为确保服务器的可用性，在主服务器上还需搭建哨兵进程，监控该服务器及其他服务器的可用性，若发现某些服务器不可用，则重新将不可用服务器的数据备份到其他服务器，确保缓存服务的持续可用性。

3. 从服务器部分

从服务器运行 Redis 的从节点实例，负责数据读取响应等操作。数据读取响应主要接受数据计算任务和数据查询任务的要求，从缓存中查找是否存在满足要求的缓存数据，如果存在，则将命中的缓存结果反馈给用户；如果不存在，则从生态关系数据资源中读取数据进行运算并将运算结果缓存到服务器中，以便后续类似访问时可直接提供给用户。

为确保服务器的可用性，在从服务器上搭建了与主服务器功能类似的哨兵进程，监控服务器的可用性，并在发现问题时，及时对失效服务器中的数据进行重新部署。

4. 备用服务器部分

备用服务器单独运行哨兵进程，确保在主从服务器哨兵进程通信出现问题的时候，及时对哨兵进程进行重新部署，确保哨兵进程的可用性。

（二）搭建过程

按照生态观测大数据缓存架构，搭建云平台上搭建多站点生态观测大数据缓存的主要过程如下：

1. 准备缓存搭建的软件和硬件环境

软件环境包括 Redis 和运行 Redis 的系统环境，硬件环境包括云平台等。如果是在 Hadoop 或 Spark 平台上搭建 Redis 缓存服务器，则直接下载 Redis 软件包即可。

2. 部署主、从、备用节点的 Redis

在主、从、备用服务器上分发 Redis 软件并按安装 Redis。根据主、从、备用服务器的 IP 地址和端口，改写 redis.conf 和 sentinel.conf 两个配置文件，其中，redis.conf 文件用于说明主、从服务器的网络通信信息、日志信息等配置内容，sentiel.conf 文件用于说明哨兵进程监听的网络绑定信息、日志信息等配置内容。

3. 启动主、从和备用节点的 Redis 服务

在主、从服务器上执行 redis-server 命令开启各个服务器节点的 Redis 服务，通过 jps 查看各服务器 Redis 服务是否启动成功。

4. 启动各个服务器节点的哨兵服务

在主、从、备用服务器上执行 redis-sentinel 命令开启各个服务器节点的哨兵服务，然后使用 redis-cli 可查看哨兵服务的运行状态，检查是否运行成功。

5. 测试集群的可用性

通过 redis-cli 手动关闭当前主节点的 Redis 服务，然后再通过 Redis-clic 查看集群的情况，发现 Redis 已经将某一个从服务器上的 Redis 服务提升为主服务，其他从服务仍然可以正常工作。

第四章

"互联网＋生态站"的大数据处理技术

生态观测站获取的海量数据，由于观测设备和人为操作等原因，数据的质量往往还存在各种问题或缺陷，常出现观测数据缺失及数据异常等现象。为了更好地利用和发挥海量生态大数据的优势，需对异常数据、缺失数据等进行相应的处理，从而提高数据的可用性，更好地满足对一些关键生态指标的未来变化、趋势演变状况等分析的迫切需求。本章将大数据、机器学习的相关技术与传统统计学方法相结合，介绍"互联网＋生态站"有关数据处理的方法。

第一节　生态站观测数据的预处理技术

近年来，随着生态监测工作重要性的日益提升，国家投入了大量经费，建设了覆盖全国重要生态区域的观测站，这些观测站为我国森林生态效益评价、生态规律研究等工作提供了数据来源。但是，由于生态站的建设时间不同、仪器设备型号和厂家选型多样、观测指标的频度和单位存在差异等实际情况，造成生态站采集的数据质量参差不齐，格式混杂多样，严重影响了观测数据的有效性和可利用性，进而进一步影响多站数据的整合和联动分析，难以形成大范围、长期、稳定的生态效益评价、生态规律分析。因此，为有效提升多站点数据的质量，需要通过生态观测数据的预处理对原始观测数据进行集成和清洗工作，将杂乱无章的数据转化成相对统一、便于分析的格式，形成多站融合的生态大数据，以用于后续生态观测数据的分析和挖掘过程。

一、生态观测数据集成与清洗问题

随着生态观测技术的发展以及物联网技术在生态观测中的应用，生态观测站点能够进行长期、连续地观测并自动感知和获取数据，从而使得所积累的数据具有海量性、多样性等大数据特点。但是，目前各个生态观测站普遍采用的数据预处理手段已滞后于生态观测大数据的发展要求，主要有以下两个方面。

1. 生态观测数据的集成问题

当前，各个生态站虽然已经实现单个站点观测数据的存储与分析，能够满足一定的数据分析需求，但当面对区域生态效益评估与分析等需求时，需要将多个生态站的观测数据进行集成，形成生态观测大数据，以便开展更大尺度的生态观测大数据分析和挖掘工作。然而，由于各个生态观测站在长期建设过程中，观测数据的存储格式、机器提供的采集频率和单位不统一，无法直接集成多个生态观测数据。因此，需要在现有的生态观测指标体系、采集方法等方面的国家、行业标准和规范基础上，通过异构数据集成技术，实现生态观测数据的自动集成。

2. 生态观测数据的清洗问题

生态观测数据存在质量问题。在长期的观测过程中，由于观测设备和人为操作等原因，生态观测数据存在数据缺失和数据异常等诸多质量问题（颜绍媪等，2011），无法直接用于大数据分析及挖掘。尤其是将各个生态站的观测数据集中在一起后，生态观测数据的质量问题会更加突出。

另外，随着生态观测技术和物联网技术的发展，人们将在有限时间内积累规模更大、种类更丰富的生态观测大数据（宋庆丰等，2015）。与单一生态站所获得的观测数据相比，生态观测大数据面临的数据质量问题更具有挑战性（戴圣骐等，2016）。如何通过有效的数据预处理手段保障生态观测大数据的数据质量，是提高数据利用效果的关键。

二、生态观测数据预处理技术路线

通过生态观测数据的集成和清洗等数据预处理技术手段，可以有效解决生态观测数据的集成和清洗需求问题，进而获得直接用于生态规律研究、效益评价和决策支持的高质量生态观测大数据资源。生态观测数据预处理的技术路线如图 4-1 所示。

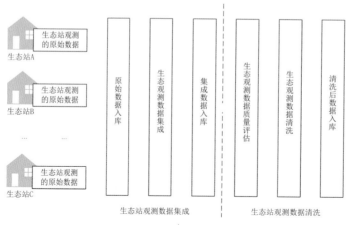

图 4-1　生态观测数据的预处理技术路线

通过图 4-1 的技术路线，将有效提升生态观测数据的质量，使缺失的数据得以补充完整、错误的数据得以纠正、不同格式和单位的数据得以统一等，实现入库存储生态观测数据的标准化、一致性，为后续生态观测数据的分析和挖掘等工作奠定良好的基础。

三、生态观测数据的集成技术

数据集成技术是通过提取不同来源的数据，利用一系列规则将提取的数据转换为标准格式并集中存储的技术。

生态观测数据集成技术以生态站所提供的各类观测指标的原始数据为输入，借助数据集成方法以及生态观测领域的标准规范，形成涵盖生态全指标要素的集成数据，该集成数据集将作为生态观测数据清洗的基础。

（一）生态观测数据集成技术路线

在传统生态观测过程中，各个生态站采集的数据仅供生态站自身的科学研究和分析使用，并未实现大范围的生态观测数据集成，从而未形成面向生态观测的大数据资源。

为将不同生态观测站点的数据集成起来形成生态观测大数据资源，可以借鉴其他领域数据集成的解决方案以帮助建立适用于生态观测领域的观测数据集成技术。在其他领域中，数据集成前需建立相关的集成标准，并且将集成前的原始数据存储入库形成原始数据版本，以便集成过程中随时回溯原始数据进行对照和检查，然后，按照建立的集成标准，对原始数据进行统一集成（李亢等，2015）。按照上述技术路线，结合当前生态观测领域的特点，设计和构建生态观测数据集成的技术路线，如图 4-2 所示。

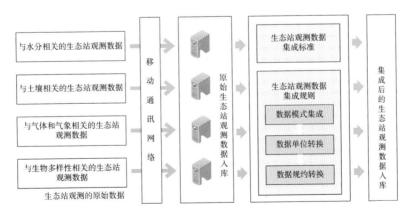

图 4-2　生态观测数据集成的技术路线

图 4-2 中的主要步骤如下：

（1）将生态站与水文、土壤、气象、生物等相关的观测指标数据通过移动通讯网络传输到生态观测大数据云平台上。

（2）在云平台上，对原始观测数据进行入库处理，形成原始观测数据版本。该版本可用于后续观测数据在分析和挖掘时进行回溯查询和回溯校验。

（3）依托生态观测数据的集成标准，对原始观测数据进行集成处理，形成适用于集成的数据版本。根据数据集成过程中不同站点生态站观测指标范围、指标的观测频度、命名方式、单位等方面差异，通过集成规则，对原始数据进行单位转化、数据规约等操作，形成结构、单位和频度统一的生态观测的集成数据。

（4）将集成后的生态观测数据进行入库操作，形成生态观测数据集成版本。该版本可用于后续数据清洗以及数据挖掘和分析，也可用于数据回溯过程的查询和验证。

在生态观测数据集成过程中，原始数据入库和集成数据入库是典型的数据转储操作，与数据备份的原理相同，实现方法较为简单，而集成规则的构建和实现是生态观测数据集成的重点，后续将主要介绍集成规则的实现方法。

（二）生态观测数据的集成规则

依据生态观测数据集成的标准数据模式，通过数据模式、数据计量单位和数据规约等集成过程来对原始生态观测数据进行集成，形成满足标准的、格式统一的生态观测大数据资源，进而解决不同生态站的生态观测数据在集成过程中存在的模式、单位以及频度差异等问题。

1.数据模式转换规则

（1）问题描述。生态观测数据模式转换规则主要解决同一生态观测指标在原始数据命名与标准数据模式命名之间的差异问题。这里，生态观测数据的模式即是对生态观测数据类型和文字描述。

（2）解决方法。借助半结构化语言 XML 在数据模式转化和异构数据集成方面的优势，通过构建原始数据模式与标准数据模式间的映射关系，实现原始生态观测数据向标准生态观测数据模式转换。

（3）具体案例。在某一生态观测站上，观测设备 A 主要负责采集样地的大气温度，采集设备将采集结果以 CSV 格式存储进行存储。在 CSV 文件中，一般包含设备信息和采集数据信息，假设重点关注的数据包括采集时间 Time、温度值 Temp 两个字段，其格式见表 4-1。

表 4-1　观测设备 A 采集数据的存储内容

时间	临时数据
201612120000	23.5689
201612120015	23.4788
201612120030	23.3211
……	……
201612120100	23.2275

在进行模式转化过程中，假设在标准中该观测指标的名称为 Temperature，而原始生态观测数据在存储时以 Temp 作为字段名，导致在集成过程中，部分使用了该设备的生态站以 Temp 表示该指标，而其他站点可能采用其他命名方式进行保存，即同一指标在不同站点设备的数据存储文件中以不同方式命名，为了将这些数据统一，可通过 XML 语言建立不同命名之间的映射关系，本例中以 Temp 到 Temperature 的转换为例，构建如下转换规则。

```
<Field source="Temp">
    <target tid='010105'>Temperature</target>
</Field>
```

在上述转换规则中，每一个 Field 元素代表了原始生态观测数据需要集成的指标，Filed 的 source 属性指明需要集成的指标名称（即字段名），Field 的 target 元素指明字 source 的指标与标准数据模式中某一指标的映射关系，tid 是标准数据模式中对应指标的编号，该编号在标准数据模式中是唯一的。

在本例中，原始生态观测数据中的 Temp 指标被映射为标准数据模式的 Temperature 指标。生态观测数据集成程序将利用上述定义的转换规则，在原始观测数据中，对所有出现在 Field 元素中的指标和数据进行自动提取，并按照 target 指明的指标名称进行数据集成，形成命名和模式统一的生态观测数据资源。

2. 数据计量单位转换规则

（1）问题描述 。数据单位转换规则主要处理原始观测数据计量单位与标准数据模式相应计量单位不一致的情况。

（2）解决方法。与数据模式转化规则相似，数据计量单位转换规则也以元数据语言为描述手段，实现原始生态观测数据到标准数据模式之间的换算，进而达到统一计量单位的目的。

（3）具体案例。某些设备以华氏温度作为单位，而标准数据模式以摄氏度作为单位，通过元数据操作语言可以建立二者的映射关系，形成如下转换规则，从而解决计量单位的自动化转换处理问题，构建如下转换规则。

```
<Field source="Temp">
    <target tid='010105'>Temperature</target>
    <unit uid='010101'/>
</Field>
<unitmapping uid="010101">
    <equation>(x-32)/1.8</equation>
</unitmapping>
```

在上述数据单位转换规则中，Field 元素中的 unit 子元素表明该指标需要进行单位转换，单位转换公式的编号由 uid 属性标志，具有唯一性。

具体的单位转换过程由 unitmapping 元素表示，其 uid 属性对应于 Field 元素中的 uid，equation 子元素描述了换算公式的具体形式。

在数据集成过程中，元数据操作语言会根据 uid 寻找与其匹配的 unitmapping 元素，并将原始观测数据带入 unitmapping 元素的子元素 equation 中，按照公式进行换算并将计算结果集成。

3. 数据规约转换规则

（1）问题描述。通常情况下，各个观测站点的指标采集频度一般高于标准数据模式的要求。但在实际环境中，各站点的采集频度并不完全统一。

（2）解决方法。在进行数据集成时，需要结合观测站点的采集频率差异，顺序地对多个原始观测数据进行规约，形成具有一致频度的生态观测数据。在转换过程中，可采用平均值法或中位数法，还需具体指明规约的频率差异，如将 24 条按小时采集的数据规约为 1 条每天的数据，或者将每 30 秒采集的数据规约为分的数据等。

（3）具体案例。假设某设备每隔 15 秒采集一次温度，而标准数据模式中要求温度的采集单位以分钟为单位，此时需将 1 分钟内观测得到的 4 个生态数据值规约为 1 个。为此，可在现有温度指标转换的基础上，通过 XML 建立二者的映射关系，添加有关数据规约转化规则的内容，解决数据规约的自动化转换处理问题。根据规约要求，构建如下转换规则。

```
<Field source="Temp">
    <target tid='010105'>Temperature</target>
    <unit uid='010101'/>
    <reduction rid='010106'/>
</Field>
<unitmapping uid='010101'>
    <equation>(x-32)/1.8</equation>
</unitmapping>
<unitreduction rid='010106'>
    <difference>4</difference>
    <function fid='010107'>AVG</function>
</unitreduction>
```

在上述转换规则中，通过添加 reduction 子元素来表示对 Temp 指标进行规约，规约规则通过 rid 属性进行标识，该标识具有唯一性。进行数据集成的程序将会查找与 rid 匹配的

unitreduction 子元素，进行数据规约。在上述转换规则的描述文件中，difference 元素用于指明原始观测数据单位粒度与标准数据模式单位粒度之间的差异。在本例中，规约方式由 function 元素指定，即每 4 个原始温度数据规约为一条温度数据，fid 用来指定该规约函数的标识，规约函数为 AVG，表示求平均值，即将 4 个原始温度数据的平均值作为集成后的温度数据。

在生态观测数据集成过程中，需要研究人员根据实际情况，建立原始生态观测数据到标准数据模式之间的转换规则，形成集成规则描述的各类 XML 文件，进而通过数据集成程序自动按照描述文件的规则进行生态观测的集成处理。

考虑到直接撰写元数据过于晦涩，且容易出现错误，在生态观测数据的实际处理过程中，应为研究人员开发一套数据集成工具，将转换规则的建立过程以可视化的方式呈现给研究人员，只需通过鼠标点击和简单的公式输入即可自动生成对应的转换规则，方便研究人员进行数据集成工作。

四、生态观测数据的清洗技术

数据清洗是指当发现数据集中不准确、不完整或不合理的问题时，对这些问题数据进行修补、移除等操作，以提高数据质量的过程。数据清洗操作对后期的数据分析非常重要，它能有效提高数据分析的准确性和数据挖掘分析的效率。

对于生态观测数据，在已有生态观测集成数据的基础上，对生态观测数据的质量进行分析和评价，对问题数据采用数据清洗技术，对缺失型数据和异常型数据进行整理和填补，形成"干净"和完整的生态观测数据，清洗后的数据将作为生态观测数据分析和挖掘的基础。

（一）生态观测数据产生异常的主要原因

在生态观测数据的收集和使用过程工作中，客观条件因素和人为操作因素是造成生态观测数据异常的主要原因。

1. 客观条件因素

客观条件因素是指观测设备在工作过程中，受周边环境因素影响而产生的异常观测结果。

在野外观测环境中，由于实际观测环境的复杂程度存在差异，客观条件因素所导致的异常发生频率和情况也存在差异。例如，受雷电影响，许多暴露在野外的观测设备和数据传输设备通常会出现电路短路等问题，从而导致观测设备无法有效地感知数据，造成数据丢失。再如，在某些 $PM_{2.5}$ 浓度较高的城市，可能会因颗粒物堵塞观测设备而出现故障，使得观测结果出现异常。

2. 人为操作因素

人为操作因素是指技术人员在野外收集数据的过程中，因个人操作失误而产生的异常数据。

例如，在数据采集过程中，因未及时收集数据，导致数据存储卡溢出而丢失数据；收集数据后，因主观原因导致数据遗失等问题。再如，观测人员未按要求对仪器进行校准、未按正确的操作流程操作仪器等，造成观测数据不准确甚至错误。

在上述产生数据异常的因素中，人为操作因素可通过开展培训或经验交流等方式降低异常发生的频度，而客观条件造成的数据异常无法有效避免。因此，客观条件因素是产生生态观测数据异常的主要原因。

（二）生态观测数据的异常类型

生态观测数据的异常主要包括：缺失异常和数值异常。

1. 缺失异常

根据缺失的观测数据占总体采集数据的比例来衡量，通常可将缺失程度分为低度数据缺失、中度数据缺失和高度数据缺失。

在一个采集周期中，缺失数据的比例达到10%～20%时，称为低度数据缺失；20%～40%称为中度缺失；40%以上称为高度缺失。

在生态观测数据的预处理过程中，可按照上述数据缺失的定性，结合观测数据的目标使用差异化的数据缺失处理规则，包括删除、补齐或忽略等处理方法。

2. 数值异常

数值异常是指因客观条件因素或人为条件因素所产生的生态观测数据异常。根据异常数据产生的原因，可进一步细分为：测量错误的异常值、错误产生的异常值与自然环境的突变值。

（1）测量错误的异常值。测量错误的异常值指的是由于观测设备故障和人为操作失误，导致生态观测数据的记录存在错误，记录的数值不符合客观现实。在数据清洗时，测量错误的异常值将被修正为正确的数值。

（2）错误产生的异常值。错误产生的异常值是指观测设备异常与入库时错误等多项原因，异常产生了多条无用数据，数据清洗时，错误产生的异常值应被删除。

（3）自然环境的突变值。自然环境的突变值是指因环境突变导致观测数值突变，该观测数值真实地反映了客观世界中的反常现象，这类数值往往表征在宏观层次上某些生态因子的突变。在数据清洗时，自然环境的突变值应该被保留并可用于开展深入的研究工作。

上述3种异常数据在数据清洗过程中的处理方式存在差异。在自然条件下，由于生态系统通常具有一定稳定性和连续性，自然环境的突变值通常被保留，而测量错误的异常值与错误产生的异常值是数据清洗的重点对象。

（三）生态观测数据清洗的技术路线

根据前述观测数据产生的各种数据异常和数据清洗的主要手段，在数据集成的基础上，设计并实现生态观测数据清洗过程，从而实现生态观测数据的质量控制，其技术路线如图4-3所示。

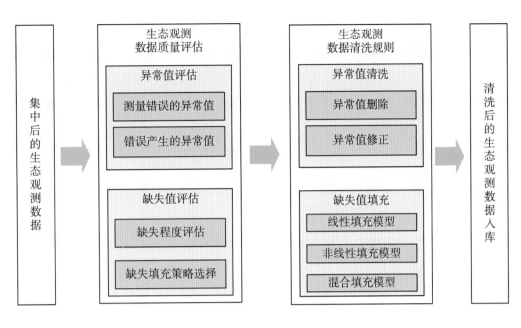

图 4-3 生态观测数据清洗技术路线

1.生态观测数据清洗的具体流程

通过对输入生态观测数据进行质量评估分析，判断观测数据中是否存在异常数据，然后对异常数据进行分类并采取相应的数据清洗规则，具体流程如图 4-4 所示。

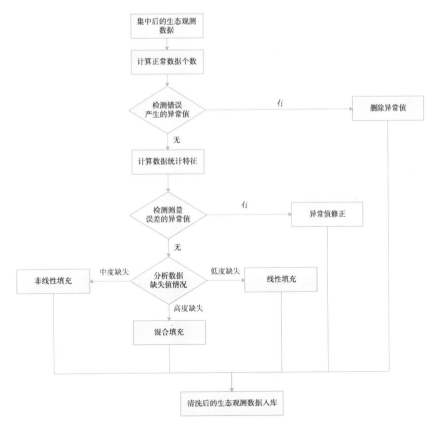

图 4-4 生态观测数据的清洗流程

针对每一组待检测的观测数据，错误产生的异常值的评估和处理方法如下：

（1）定义字典型数据结构，存储采集得到的实测数据。在数据字典中，以数据的采集时间戳为字典的键，以采集的数据为字典的数值，建立采集时间与采集数据的映射关系。

（2）根据不同观测设备采集数据的协议，计算采集周期内能够获得的标准观测数据的个数。

（3）对比标准观测数据与字典中实测数据的数量，判断是否存在仪器错误产生的异常值。

（4）如果不存在错误产生的异常值，则进入后续的异常数据评估；否则，在字典中顺序查找实测数据，找到异常包含数值的发生位点，对该位点执行异常值删除操作。

测量错误的异常值数据的评估和处理方法如下：

（1）构建链表型数据结构，存储采集得到的实测数据。在链表型数据结构中，将观测数据按照观测时间戳递增的关系填充到数据结构中。

（2）通过统计函数，计算采集得到实测数据的主要统计量——平均值、中位数、最大值、最小值、四分位距、方差和期望。

（3）根据观测设备的特点、观测环境的差异、观测的目标等因素，从异常记录检测模型库中，选择合适的检测方法，代入步骤（2）所计算的统计量，获得检测区间或检测概率的代数式。常用的检测技术包括：四分位距离的统计方法、3delta 的统计方法、神经网络的统计方法和主成分分析的统计方法等。

（4）依次将数组中的观测数据带入到观测区间或检测概率的代数式中，判断观测数据是否为测量错误的异常值。

（5）如果数据是非测量错误的异常值，则进入后续缺失值评估过程。否则通过异常数据修正方法，修正该数据。

缺失值评估主要评估观测数据中数据缺失的程度，并选择相应的缺失值填充策略。缺失程度的评估过程如下：

（1）定义字典型数据结构，存储采集得到的生态观测数据。在字典的数据结构中，以数据的标准采集间戳为字典的键，以实际采集得到的观测数据为对应键的数值。

（2）检测字典中数值为空的字典项个数，计算待评估生态观测数据的缺失程度。

（3）按照缺失程度的差异，选择适当的数据填充策略。

2. 异常数据的清洗规则

针对异常值评估过程中产生的异常值和测量错误的异常值，常采用异常值删除和异常值修正两种方法。

异常值删除即将异常值忽略不计，从数据集中剔除；

异常值修正则采用下文中的异常值处理方法，对异常数据值进行修正补全。

3. 生态观测的清洗数据入库

数据清洗工作完成后，将清洗后的数据入库保存，具体的入库方式与上文中介绍的存储方式一致。

(四)生态观测数据清洗的具体方法

对于具体需要进行清洗的缺失值与异常值,处理方法相类似,归为一类进行讨论,通常采用以下方法进行处理。

1. 均值填充法

生态观测数据多为数值型数据,但也存在着少量的非数值型数据,如空气质量等级。

方法概述:对于数值型数据,取该类数据在异常数据点前后的一批数据,求均值以代指该异常值;若该类数据为非数值型数据,则改为取邻近时间段内数据的中数。

优点和缺点:这种数据处理方法原理简单,以已有的多数数据来推测异常点,以最大可能概率的取值填充,运行速度快。但这种方法较为粗糙,大大降低了数据集的方差,抹消了数据的随机性,损失了大量数据蕴含的信息。

2. KNN 算法

方法概述:KNN(k-nearest neighbors,KNN)算法同样可用来进行缺失异常点的填充。根据欧式距离或者相关性分析来确定距离异常点最近的 k 个样本,通过将 k 个值进行加权平均来估计异常点的数据。

优点和缺点:该算法目前使用较为广泛,不仅适用于离散型的数据集,对连续型数据集也有着较好的效果,适用性较强。KNN 算法的填补过程是自动进行的,无需提前构造数据模型,但需人为设定 k 值,且 k 值与算法准确率相关性较大;而且针对每一个异常数据点,算法都需遍历整个数据集来寻找样本,在进行海量生态数据处理时,执行效率非常低下。

运用基于 Spark 的大数据处理技术,进行数据填补,极大提高海量数据的处理速度,解决了原有算法的效率问题。

以某一抽象观测指标的数据为例,介绍运用 KNN 算法的数据填补流程。

(1)数据示例,见表4-2。

表 4-2 数据示例

采集时间	指标值
2018-08-10 19:00	−15.44
2018-08-10 20:00	−15.02
2018-08-10 21:00	−14.71
2018-08-10 22:00	973
2018-08-10 23:00	−41.49
2018-08-11 0:00	−49.66
2018-08-11 1:00	−6.75

（2）异常值补全流程。如图 4-5 所示。

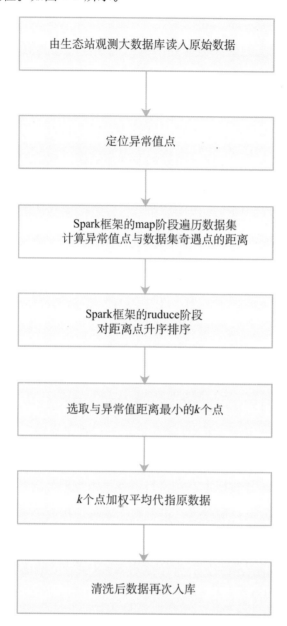

图 4-5　基于 Spark 的 KNN 算法异常值补全流程

首先，将生态站观测大数据库中存储的原始数据读入 Spark 框架中的 KNN 算法补全程序。之后，利用 Spark 提供的 Map 任务遍历数据库中全部的该站点观测的净辐射量数据，计算异常值点与其余点的距离；通过 Spark 框架分配 Reduce 任务对距离点进行排序，排序后加权平均代指原数据点，清洗后数据重新入库。

（3）结果分析。结合实践经验以及对数据趋势的分析，k 初始值设为 7。算法执行后，第 4 条异常数据数值被替换为 –25.16，调整后的数值更符合客观实际情况。

3. 热卡填补法

与均值填充法相类似，热卡填补法也是用一个接近实际观测值的数据代替异常点。它用来填充的数据是从数据集中获取的，在数据集中寻找一个与异常点实际值最接近的对象，用该对象的值进行填充。要根据实际情况来确认寻找最接近对象的标准，常用相关系数矩阵来确定哪个数据类型与缺失数据类型相关并计算出其相关性，然后按相关性最大的数据类型的值进行排序，取合适的数据进行填补。该法每次填补依然要遍历整个数据集，比较耗时；同时，该方法的准确度严重依赖于相关变量的选取，不够稳定。

4. 回归填补法

回归填补法的算法思路为将发生数据异常的观测数据类型看作目标变量，其余的数据正常的观测数据类型记为辅助变量，通过数学方法建立回归模型，针对每一个异常点均建立相应的回归模型，之后利用将辅助变量代入回归方程以求得填补值。回归填补法的使用有着较大的局限性，只有当辅助变量与目标变量之间存在着一定的依存度，能形成可被拟合的关系时，回归填补法才能取得较好的效果。

5. BP 神经网络

当处理生态数据时，传统的回归填补法建立的模型通常是非线性的复杂模型，不利于异常数据的估计，而神经网络有着很强的非线性映射能力，能较为轻松地建立变量间的关系。它不需预先对模型进行预估，只需利用已有数据进行训练，有着广泛的应用前景。

BP 神经网络有着传统的建模方式不具备的优点，它简便易行，只需将数据集输入网络，网络通过迭代即可生成模型。BP 神经网络是一种通过反向传播利用反复的迭代来修正误差的多层前馈式神经网络，有着自学习、自适应和自组织的特点。经过学者多年的研究，已经比较成熟，是当前最为常见的神经网络。

利用 BP 网络进行回归填补，是将数据集除异常点所在的数据类型外的其他类型作为网络的输入，异常点数据类型作为输出，利用已知的正常数据训练网络。当网络完成学习过程后，将待修正的数据同一时间点的其他参数的数据输入网络，并用输出值代替异常值。

BP 神经网络进行生态数据的填补主要分为如下两步：

(1) 将缺失数据类型与其他数据类型作为训练材料，调整网络模型，以拟合各因子间内含的函数关系。

(2) 将发生缺失数据时间点的其他数据类型的数值输入网络，得到的结果值即为填补值。

第二节　大数据计算技术

大数据技术的目的是在数据收集和整合的基础上，把隐藏在海量数据之中的信息进行萃取、提炼，找出研究对象的内在规律。

在生态监测数据处理过程中，如果说传统的生态观测数据处理技术主要服务于统计分析、模型预测等应用，那么生态观测大数据处理技术则是面向互联网环境下领域研究人员、从业人员、公众用户、行业主管部门等不同用户。在多用户共同使用生态观测数据的情况下，如何进行更高精度、更快频度、更大范围的生态观测数据的处理、挖掘和可视化操作，是应用新一代信息技术提升生态领域创新发展和创新服务水平的主要手段。

在生态观测数据集成和清洗的基础上，利用大数据处理技术，可以充分挖掘生态观测大数据资源价值和背后潜藏的规律和机制，不断提炼出新的有价值信息，从而推进生态观测创新应用的不断实现，催生生态大数据的再形成和再应用。

本小节将重点介绍用于生态观测数据处理的大数据核心技术——MapReduce 编程模型、基于内存迭代的分布式大数据计算框架——Spark，上述技术将用于后续生态观测大数据数据处理案例中。

一、大数据编程模型——MapReduce 和相关案例

（一）MapReduce 编程模型概述

MapReduce 是由谷歌公司提出的一种处理大规模数据集的编程模型和相应实现，它的设计目标是即使使用人员在不熟悉分布式并行编程的情况下，也可以将程序运行在分布式系统之上，从而极大降低大数据分析的应用门槛（Condie T 和 Conway N et al.，2010）。

MapReduce 编程模型分为两个阶段，分别是"分"处理阶段和"合"处理阶段，其中，"分"处理阶段是 Map（映射）阶段，"合"处理阶段是 Reduce（归约）阶段。这两个阶段配合使用。在进行大数据处理过程中，需要将已有的计算和分析数据过程转换为 Map 过程和 Reduce 过程，然后通过 MapReduce 编程模型由用户实现 Map 函数和 Reduce 函数，即可完成各类复杂数据分析的分布式程序设计。

在 MapReduce 编程模型中，Map 函数的作用是把输入数据以 1:1 映射方式转换为新的数据结构，在 Map 函数中指明映射规则。例如，对输入数据集"1，2，3"进行乘 3 操作，则在 Map 函数中对每一个数字进行叠乘操作，经过 Map 函数处理，输出数据集"3，6，9"。

在 MapReduce 编程模型中，Reduce 函数的作用是对输入数据按照指定规则进行归约或约减，在 Reduce 函数中指明归约规则。例如，需要对数据集"1，2，3"进行求和的规约操作，在 Reduce 函数中将数据集中的每个数字叠加在一起，经过 Reduce 函数处理，归约结果为 6。

除 Map 和 Reduce 两个主要过程外，MapReduce 编程过程还是实现有关数据处理、Shuffle 和输出处理等辅助阶段的工作，这些阶段的工作内容将在相关案例中介绍。

（二）MapReduce 在生态观测数据处理过程中的应用案例

以统计森林生态站大气降水总量频数为例，进一步阐明 MapReduce 编程模型的流程及其原理，如图 4-6 所示。

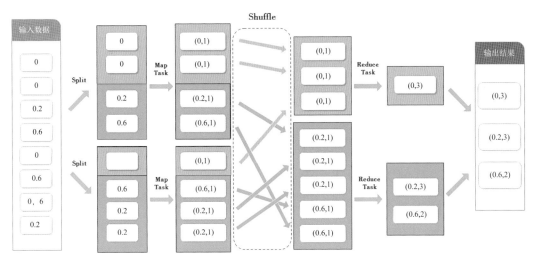

图 4-6 统计大气降水总量频数的 MapReduce 过程示意

基于 MapReduce 编程思想，统计大气降水数据的频度流程主要分为数据准备、Map 阶段、Shuffle 阶段、Reduce 阶段、结果输出等阶段。

1. **数据准备阶段**

在数据准备阶段，可对输入的观测数据集按照一定的规则进行简单分区处理，使之成为若干个数据子集，便于对数据并发地执行 Map 操作。

分区操作可以根据实际数据的分布情况自行分区，为简单起见，将观测的降水数据集分成两个子集，分别是大气降水总量为 0 的数据子集（如图 4-6 中的紫色部分）以及数据量为其他数值时候的另一个子集（如图 4-6 中的绿色部分）。

2. **Map 阶段**

在 Map 阶段，Map 函数将每个数据子集中的观测数据，按照 Map 函数设定的规则转为 Key—Value 的键值对形式。以大气降水总量为 "0" 的观测数据为例分析，经过 Map 函数转换之后的结果为 "（Key=0，Value=1）"。其中，Key 为 "0" 观测的大气降水数值本身，Value 为该数值出现的次数，这里每次只处理一个数据，所以次数为 "1"。

3. **Shuffle 阶段**

Shuffle 是 MapReduce 编程框架中的特殊阶段，它介于 Map 阶段和 Reduce 阶段之间。Reduce 端按照一定的规则从 Map 端拉取数据的过程就是 Shuffle。

Shuffle 原则是将同一分区的数据放在一起。Shuffle 涉及数据的读写和在网络中传输（图 4-6 中 Shuffle 的各种箭头），其运行时间的长短直接影响到整个分布式程序的运行效率。在 shuffle 阶段中，可展开 combiner 工作，combiner 工作方式在阶段中描述

4. **Reduce 阶段**

在 Reduce 阶段，每个数据分区分配给一个 Reduce Task 来进行处理，即根据用户定义的 Reduce 规则，把相同 Key 即同一观测数据所对应的所有 Value（出现次数）进行聚合，

获取新的 Key—Value 键值对，从而得到一个最终结果。

以大气降水总量为 0 的数据举例，经过 Reduce 后的计算结果为"（0，3）"，Key 为"0"，Value 为"3"，该数据表示在所有观测数据中有 3 天的大气降水总量为 0。最后，把结果输出到指定的输出文件中，MapReduce 流程结束。

5. Combiner 阶段

在上述 MapReduce 的流程中，Map 阶段和 Reduce 阶段的结果均要反复地将处理的数据结构存储在磁盘上，以确保中间处理数据的可靠性，但反复写入磁盘会导致系统处理数据的效率下降。同时，Map 阶段和 Reduce 阶段之间的 Shuffle 阶段也可能成为性能瓶颈，该阶段包含了大量磁盘 I/O、网络数据传输等过程，是影响大数据分布式框架效率的重要因素。因此，为进一步提升数据处理的计算和分析效率，需对上述写入磁盘的阶段进行精简。通常可增加一个 Combiner 处理过程，如图 4-7 所示。Combiner 的作用是将 Map 端的输出结果进行初步合并，合并之后再让 Reduce 端拉取数据，这样可以有效降低网络传输的数据量。

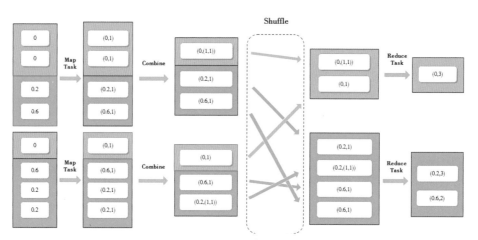

图 4-7　Combiner 优化过程示意

在上述分析中，MapReduce 编程模型中的每个 Map 和 Reduce 任务相对独立，相同阶段的任务可以并发执行。使用 MapReduce 进行数据处理的首要任务是将分析工作分解为多个相互独立的子任务，这里体现了 MapReduce 的核心思想——分而治之。

二、大数据计算框架——Spark

在"互联网＋生态站"环境下，MapReduce 提供了一套分布式数据处理和分析的手段，但是在实际应用中，部分数据对处理的效率提出了更高的要求，如实时数据分析等。为应对 MapReduce 处理数据的效率问题，基于内存的大数据分布式计算框架 Spark 能够更好地满足该需求。

Apache Spark 是加州大学伯克利分校 AMP 实验室于 2009 年开发的通用分布式内存计算框架（Zaharia M et al.，2010）。Spark 保留了 Hadoop MapReduce 的可扩展性、容错性、兼容性等特点，同时，Spark 将计算任务中间输出的结果保存在内存中，而不是像 Hadoop 的 MapReduce 那样将结果写入硬盘中，从而弥补了 MapReduce 在迭代式机器学习算法和交互式数据挖掘等应用性能方面的不足，加快了任务处理的速度。

目前，Spark 已发展成为和 Hadoop 大数据处理框架类似的生态圈，包含官方组件和大量用于各类数据分析的第三方开发工具，方便使用者开展大数据设计、分析和实现工作，Spark 体系结构和生态圈如图 4-8 所示。

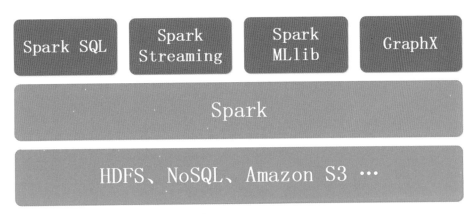

图 4-8　Spark 体系结构和生态圈

从图 4-8 可以看出，Spark 体系架构可分为三层。底层是第三方的数据存储层，Spark 从该层读取数据或者将计算结果写入该层；中间层为 Spark 核心引擎，包含 Spark 最基本的功能与分布式流处理架构；顶层是处理特定应用的四大模块，包括 SparkSQL、Spark Streaming、Spark MLlib 和 GraphX，这四大模块彼此间可以进行无缝链接，让 Spark 具备了适应混合计算场景的能力。

1. Spark SQL

Spark SQL 是用来处理 SQL 和结构化数据的工具，为 Spark 提供了查询结构化数据的能力，使具备 SQL 基础的人员可以通过 Spark SQL 来进行大数据分析，极大地拓展了 Spark 的受众群体，使得普通生态站人员也可调取海量生态观测大数据集。

2. Spark Streaming

Spark Streaming 是 Spark 的流式处理模块，它的原理是将流式数据切分成一个个小的时间片段，以类似批处理的方式来处理这一小部分数据，从而模拟流式计算达到准实时（0.5～2 秒）的效果。采用该模块，可大大提升对于海量生态数据的处理速率，将对于以年为统计单位的观测数据统计分析处理的时间控制在秒级别。

3. GraphX

GraphX 是一个分布式图处理框架，实现了很多可以在分布式集群上运行的图算法（如 PageRank、Triangle 等）。

4. Spark MLlib

Spark MLlib 是 Spark 提供的分布式机器学习库，包含了常见的机器学习算法（如图 4-9 所示，具体有关机器学习知识的概述将在下一节中介绍）。通过 Spark MLlib 简化了大数据分析过程的设计、建模工作，进而为生态观测大数据分析提供了强有力的工具。根据实验结果，在相同的数据集采用同样算法的前提下，Spark MLlib 运行效率比在 Hadoop MapReduce 中效率更高，性能更好。

图 4-9　Spark MLlib 中的算法和工具类

Spark 作为一个优秀的开源分布式大数据计算框架，具有计算快、可伸缩以及高容错等特性。它能够与分布式文件存储系统、分布式数据库结合使用，配合其本身丰富的生态圈组件，可以解决数据增长和处理性能需求之间突出存在的瓶颈问题。

Spark 体系结构和生态圈能够满足生态观测领域中统计分析、数据挖掘、图计算等各种数据分析处理需求，加速从发现知识到实际应用的过程，在生态领域中具有广阔的应用前景。

第三节　机器学习技术

机器学习（machine learning，ML）的主要研究内容是使计算机能够模拟人类的学习活动，利用现有知识自动地学习新的知识，从而不断改善性能和实现自身完善（Michie D et al.，1994）。

目前，机器学习在诸多领域发挥了重要的作用，如：批量垃圾邮件检测、语音识别、人脸高精准识别、领域资源分析等。在林业行业，机器学习在分类与预测方面也有了相当广泛的应用，如植物的分类识别、土壤成分分析、空气因子分析与预测、森林病虫害的识别等。

一、机器学习的分类与流程

（一）机器学习的分类

机器学习算法主要分为监督学习、无监督学习和半监督学习3类。

1. 监督学习

监督学习针对已知类别的数据样本进行训练，从而得到一个能够对未知类别的数据进行分类的模型，利用该模型将数据样本映射为相应的输出结果从而达到分类的目的。

回归（regression）算法和分类（classification）算法均属于机器学习的监督学习领域。两者的区别在于输出变量的类型有所不同，当进行定量输出或对连续变量预测时称为回归（熊伟等，2003）；当定性输出或对离散变量进行预测时即称为分类（陆元昌等，2015）。

在给定的数据集中，如果数据样本带有标记，则监督学习较为适用，但实际情况中通过各种方式获得的原始数据通常不带有标注（如进行图像分类时，训练所用的素材往往并未进行分类标注，使用者不能得知图像具体的类别，需人工预先处理），应根据实际情况选取合适算法。

例如，计划根据当前 $PM_{2.5}$ 的数据对未来几年 $PM_{2.5}$ 的趋势进行预测，已经收集到某一区域3年的 $PM_{2.5}$ 的数据，则根据回归分析方法，将已收集到的数据作为训练数据对已有回归模型进行训练，学习模型的超级参数配置，然后构建描述数据变化趋势的曲线，最后，根据变化趋势曲线对测试数据进行分析和预测。

2. 无监督学习

与有监督学习相反，无监督学习面向的对象是未知类别的数据，它将一组具有共同特征的数据划分到一起，或者抽取出其中的关联规则直接对输入数据集进行建模（高超等，2018）。

无监督学习算法主要包括：主成分分析、K均值聚类、随机森林等。

例如，在呼伦贝尔盟林业区划中，采用了主分量聚类分析方法，科学定量地划分出呼伦贝尔盟的林业分区，又采用了系统模糊聚类分析方法验证了主分量聚类分析法所确定的呼伦贝尔盟林业区划界线。两种方法所确定的界线基本相同，分区划分合理（董建林等，1998）。

3. 半监督学习

半监督学习使用部分带标签的数据和一些未带标签的数据来进行学习，即半监督学习是利用少量标注样本和大量未标注样本进行训练，对标记数据的要求降低。

半监督学习是监督学习和无监督学习的折中，旨在克服监督学习模型泛化能力不强与无监督学习模型精确度较低的缺点。

例如，以林业病虫害实体抽取为例，提出基于聚类的方法来获取样本在数据集中的分布信息，以此指导初始样本集和迭代过程中标注样本的选择。实验结果表明，基于聚类的方法相比于随机初始训练集，在不同标注样本集个数的情况下，模型正确率均有提高(毛浪等，2015)。

（二）机器学习的流程

机器学习的流程一般包含如下步骤 (图 4-10)：

(1) 收集数据。收集所需的数据并将其分成 3 组：训练数据、验证数据和测试数据。

(2) 数据预处理及模型选取。对数据进行清洗，根据数据的特点选择相应的模型。

(3) 模型训练及调优。将训练数据与验证数据输入模型，依据处理效果对模型进行调整，通过不断调整模型自身参数，选取数据集中不同特征等方法来逐步提高模型的性能。

(4) 模型评估。使用测试数据衡量模型性能的优劣，根据评估结果对模型进一步调整。

(5) 使用模型。如果模型的性能能够满足需求，就可以将模型应用在新数据集上，完成相关任务。

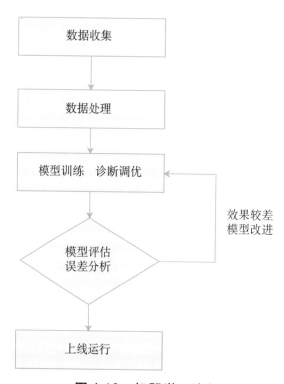

图 4-10　机器学习流程

二、机器学习常用方法

近年来，随着相关技术的发展，机器学习的应用领域日益广泛，各种机器学习算法有不同的应用场景。机器学习的相关研究分为聚类、分类、识别等方向（图4-11）。顶级数据挖掘会议 ICDM 于 2006 年 12 月评选出了数据挖掘领域的十大经典算法，如：决策树算法 C4.5、聚类算法 K-means、支持向量机算法（support vector machine，SVM）、邻近算法（KNN）、朴素贝叶斯（Naive Bayes）、分类与回归树（classification and regression trees，CART）等。决策树算法、支持向量机算法、朴素贝叶斯、分类与回归树是监督学习方法。聚类算法 K-means 为非监督学习方法。本部分对目前在生态观测领域内应用较广的算法作简单的介绍。

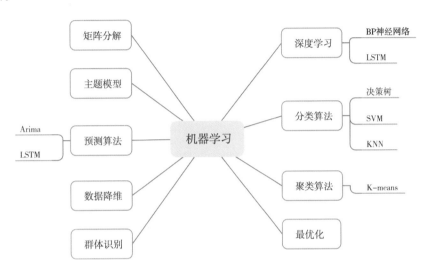

图 4-11 机器学习方法分类

1.决策树算法

决策树（decision tree）是一种基本的分类与回归的机器学习方法，主要包含 3 个步骤：①特征选择；②决策树的生成；③决策树的剪枝。

决策树的生成过程根据特征选取策略的不同分为 3 种算法：ID3 算法、C4.5 算法以及 CART 算法（Quinlan J R，1986）。

决策树的剪枝通过极小化损失函数来实现。经过决策树学习过程后，即可提取对象属性与对象值之间的一种映射关系，从中归纳出一组分类规则。例如，通过建立决策树分类模型对遥感图像进行分类分层次化处理，依据植被覆盖度作为判断沙化的依据，从而将研究区土地分为沙漠化土地、非沙漠化土地及水域（贾树海等，2011）。

2.K-means 算法

K-means 算法属于聚类算法，其原理是分析数据样本之间的关系来对数据进行分组，并尽可能保证组内数据相似性高，组间数据的相似性低，从而达到对数据样本进行分类的目的（Hartigan J A et al.，1979）。

对于同一数据集，K 代表了聚类的数量，K 值的设定对聚类结果的影响较大，当设定的 K 数量较大的时候，可能会使得原本划分在不同簇的样本划分在同一簇中（林思美等，

2019)。在实际应用中，由于 K-means 算法是非监督学习方法，无需对模型进行训练，因此运行速度很快，是一种效率较高的算法。有时，为了弥补 K-means 因效率造成的分类准确度较低问题，可通过多次运行 K-means 算法的方式实现算法的改进。

3. SVM 支持向量机算法

支持向量机是 20 世纪 90 年代中期发展起来的基于统计学习理论的一种机器学习方法，是最常见的监督学习算法之一。它通过寻求结构化风险最小来提高学习机泛化能力，实现经验风险和置信范围的最小化，从而达到在统计样本量较少的情况下，亦能获得良好统计规律的目的，常用于模式识别、数据分类以及回归分析等领域（Adankon M M et al.，2002）。

目前，SVM 算法在林业的各个子领域都有广泛应用（刘毅等，2012），如对高分辨率遥感影像的生态数据进行分类、对人工林地等级进行评价以及对于不同尺度下的树木碳计量模型的生成等方面，取得了较好的效果。

4. KNN 分类算法

KNN 分类算法（K-Nearest-Neighbors classification），又叫 K 近邻算法，其核心原理是寻找所有训练样本中与该测试样本"距离"(一般使用的举例计算方式即多维空间的欧氏距离)最近的前 k 个样本。在这 k 个样本中，大部分样本的所属类即为测试样本的所属类别，即让最相似的 k 个样本来投票决定所需分类样本的所属类别。

以图 4-12 为例，该场景是对中心未知物进行分类，当设定 k 值为 3 时，选定离该未知物最近的 3 个物体以进行分类。此时最近的 3 个物体有两个为三角，因此将未知物分类为三角。

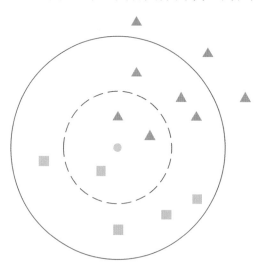

图 4-12　KNN 算法

KNN 算法易于实现，且无需定义估计参数，不需进行传统机器学习的训练过程，适用于多分类等领域。但 KNN 面对分布不平衡的样本时，效果较差。

KNN 算法擅长基于大数据的领域推荐模型，结合林业相应的业务需求，具有相当多的应用场景。例如，采用 KNN 方法处理遥感数据与森林清查数据，以进行碳储量估测，并对估测后的数据进行各种校正处理，绘制森林地上碳储量的空间分布图，为我国森林碳储量和固碳潜力的研究提供基础数据和科学依据（戚玉娇等，2015）。

三、人工神经网络

人工神经网络（artificial neural networks，ANN）也简称为神经网络（NN）或连接模型（connection model）。它是由具有适应性的简单单元组成的广泛的并行相互连接的数学算法模型。它能够模拟生物神经系统，对外界给予的反馈作出交互反应，进而对信息进行处理，是机器学习研究的重要方面（王守觉等，2012）。人工神经网络是多学科交叉研究的成果，通过利用类似于大脑神经突触连接的单元来处理数据，随着信息的输入，人工神经网络能够进行自我学习、自我修正，在海量数据的情况下能取得较好的拟合效果，可用来解决各式各样的传统方法难以解决的信息处理任务。

人工神经网络有着其他方法难以比拟的优势。相比传统的统计学数据分析，人工神经网络除了建立传统的线性回归模型，还有极强的非线性拟合能力，可向任意复杂函数进行逼近。人工神经网络省去了传统方法繁杂的建模过程，同时又保证建立的模型合乎逻辑。在大数据分析领域，神经网络自学习能力的特点得到充分发挥，海量数据的训练使得神经网络得到更好更接近实际的模型，从而更精准地满足数据分析的需求。

（一）神经元模型

人类的神经网络是由神经元构成的，神经元大致可以分为树突、突触、细胞体和轴突，如图 4-13 所示。树突为神经元的输入通道，可从之前的神经元或其他的输入源，如听觉、嗅觉接收器接收刺激，并产生相应的冲动传到胞体。胞体对接收到的冲动进行相应的反馈，反馈的类型取决于从树突接收到的信号量，当接收到的信号量超出胞体的阈值时，胞体会被激活，产生电脉冲，电脉冲通过轴突以及上面的突触传到其他的的神经元，最终构成一个网络。由于树突和轴突上的突触均有多个，因此一个神经元可同时接收多个输入信号，并产生多个输出信号。

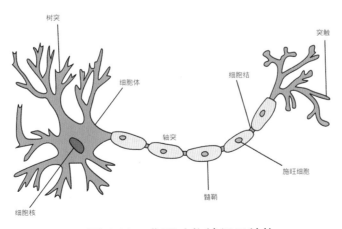

图 4-13 典型动物神经元结构

与人类大脑中的神经元相类似，在人工神经网络当中，最小的组成单元也称作神经元。目前的人工神经网络中使用最广泛的为"M—P神经元模型"。在模型中，每个神经元会接收到多个其他神经元产生的信号作为输入源，每个输入都有着相应的权重，当神经元接收的输入信号之和超过该神经元阈值后，神经元被激活，通过激活函数处理产生输出信号，作为该神经元的输出传到下一层神经元中。激活函数有多种，通过激活函数将许多个这样的神经元按照一定的顺序结构相互连接起来，便构成了一个神经网络模型。

（二）神经网络结构

神经元通常按层结合形成一个神经网络，对输入信息进行处理，根据网络的复杂程度，分为以下几类。

1. 感知机

感知机（perception）就是一个结构较为简单的神经网络。如图4-14所示，输入层接收外界两个的输入信号，根据权重传输给输出层的单个M-P神经元，经激活函数处理后输出结果（关健等，2004）。

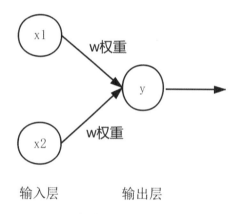

图4-14　两个输入神经元的感知机

感知机作为较为简单的神经网络，只有输出层的神经元经激活函数处理，仅拥有一层功能神经元（functional neuron）。感知机的学习能力非常有限，是二分类的线性分类模型，若两类模式是线性可分的，即存在一个超平面能将两者分开时，通过反复的训练感知机的学习过程会收敛，得到较好的分类效果。当遇到非线性可分问题时，感知机会在训练过程发生震荡，参数难以稳定下来，不能解决问题。

2. 多层神经网络

为解决非线性可分问题，需使用多层的功能神经元，通过多层的激活函数给模型引入非线性。常见的神经网络与图4-15类似，输入层与输出层之间增加一层或多层功能神经元，称为隐层。在这种多层神经网络当中，输入神经元负责接收外界的输入，不进行处理，隐层与输出层神经元逐层对输入进行加工，最终由输出层输出一个或多个结果。隐层与输出层的每一个结点都与上一层的所有结点相连，将前层提取的特征综合起来，同层神经元之间互不连接，每层神经元只与上一层相连，不存在跨层连接。

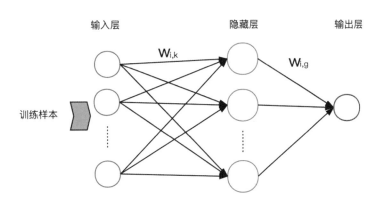

图 4-15 单输出神经元的多层神经网络结构

神经网络的学习过程，就是在反复迭代中调整神经元间互联的权重与神经元的阈值。因此，神经网络是一个包含许多参数的数学模型，模型包含了许多函数，函数会通过数据集的输入与反复迭代来调整参数，使得与数据集拟合程度更高。经过严谨的数学证明，含有一个隐层的神经网络能以任意精度逼近任意复杂度的连续函数（Hornik et al., 1989）充分说明了神经网络的拟合能力。

（三）反向传播

人工神经网络具有强大的自学习能力，随着模型迭代次数的增多，神经网络会更贴合输入的数据集，这就需要强大的学习算法，反向传播（back propagation，BP）就是其中应用最广、效果最好的代表，当今的神经网络中，大多是通过 BP 算法进行迭代训练。

反向传播算法的基本思想就是通过计算神经网络的输出层与期望值之差，进而调节神经网络中的各项参数，使得误差尽可能地变小，从而使模型与数据集的拟合度进一步增高（李永立等，2014）。

计算输出层与期望值的差距不是简单的做减法，而是利用损失函数代表。常用均方误差作为损失函数。神经网络常用梯度下降法（gradient descent）以递归性的降低损失函数的值，逼近最小偏差模型。

网络模型通过不断地迭代来修改模型中的参数，使得模型更接近实际情况，梯度下降法是当前应用最多的参数寻优方法。梯度是一个向量，表示在某一函数在该点处的方向导数沿着该方向取得最大值，即函数沿着梯度的方向变化最快，变化率最大。梯度下降法利用了梯度的性质，模型初始化后，给各个参数赋予初值，每次迭代中计算损失函数在当前点的梯度，沿着损失函数梯度下降的方法求解极小值，得到最小化的损失函数与模型参数值。

（四）深度学习

从人工神经网络的构建可以看出，参数越多的模型维度越高，能完成更复杂的学习任务，可用于对复杂结构和大样本的高维数据进行学习。当神经网络包含多个隐含层时，网络称为深度神经网络，利用深度神经网络进行学习训练称为深度学习（余凯等，2013）。深度神经网络包含多个隐含层，这使得整个网络的复杂度大大增加，相比于单纯的提升隐含层神经元数量来提升神经网络复杂度，增加隐含层数不仅增加了神经元的数量，还使得激活函数嵌套的层数增多，大大增加了模型的复杂度。

深度神经网络多隐含层堆叠的处理机制，对输入信号进行了逐层加工，用网状层级结构以处理信息。传统的机器学习在训练模型之前，为提高精准度，常通过请教相关领域的专家对特征进行调整，如在进行林业文本分类时，需手动指定特征向量进行筛选，而深度学习不需指定特征，深度神经网络会依据信息的输入自动学习，进而找到解决问题的特征，以实现网络预期目标。

深度学习与机器学习相对比，有着以下几个特点：

（1）数据与硬件依赖。深度学习的训练依赖于海量的数据与强大的计算能力。深度学习基于一个复杂的多层神经网络，在运算过程中要进行繁杂的矩阵运算，以进行参数的调整。

（2）运行时间。深度神经网络模型的复杂度极高，需要进行大量的参数训练，再加上生态观测海量数据的输入，使得模型的训练时间较长。

（3）不可理解性。深度神经网络有着多层隐含层，每层隐含层都代表着不同层次的特征。它在学习的过程中不断进行着特征的再提取，虽其完成任务的效果较好，但网络组成的含义不为人所理解。深度神经网络实质上是一黑箱模型，使用者无法得知网络自身如何实现各种效果。

深度学习适用性更广泛，性能更高，具有更接近人的学习能力，能从少数样本中抓住数据的本征，但有训练速度慢、易过拟合的缺点。

（五）人工神经网络在生态领域的应用

人工神经网络与其他方法相比，有着独特的功能与优点，这使它在生态领域有着广泛的应用，并取得了一定的进展。

1. 生态环境评价

生态环境质量评价是将被评价对象的各项指标的检测数据与各级标准进行综合比较，看其与哪一级最为贴近的识别过程。例如，汤丽妮等（2003）以生态环境指标的各级评价标准作为训练样本，用人工神经网络建立生态环境质量评价的 BP 网络模型，用训练好的 BP 网络对生态环境质量进行评价。

2. 遥感分析

遥感影像是根据不同地物对不同波段电磁波的响应经过转换获得的，对不同地物进行表征。但是由于地形等环境因素的影响，不同的地物光谱特性可能非常接近，导致传统方法分类精度不高。例如，王任华等（2003）应用人工神经网络模型对陆地卫星 TM 多光谱图像进行了森林植被分类研究，对在不同背景条件下存在同谱异物现象的云杉、油松和落叶松等针叶林树种进行分类，分类精度较传统方法有了一定的提高。

3. 植物物种的分类和识别

植物物种的分类与识别植物学研究的基础性工作，对于鉴别植物种类、探索植物物种间的亲缘关系，阐明植物系统的进化规律具有重要意义。目前植物的分类与识别主要靠人工标注，效率低、成本高且识别精度低。但这些问题都可以通过基于神经网络的植物分类识别技术予以解决。通过输入植物的图像数据，建立网络模型进行训练，从而建立神经网络分类器。该分类器能取得较快的识别速度与较高的精度。例如，龚丁禧等（2014）提出一种基于卷积神经网络的植物叶片识别方法，在 Swedish 叶片数据集上的实验结果表明，算法识别正确率高达 99.56%，显著优于传统的叶片识别算法。

第四节　生态站观测大数据处理技术

"互联网＋生态站"的数据处理方法结合了统计学分析方式与机器学习相关算法，对海量生态站数据进行分析处理，以发掘出其内在规律。本节主要从数据分析及数据预测两个角度，针对目前已处理好的海量生态数据，介绍相关的技术及算法。

一、统计学分析方法及其在生态观测数据处理中的应用

（一）描述性统计

数据分析过程通常从了解数据的基本特征开始。因此，描述性统计分析是整个数据分析流程中必不可少的一环，它的主要作用是对一组数据所包含的各种特征进行分析，从而揭示数据的分布特性。描述性统计分析主要包括均值分析、频数分析、集中趋势分析、离散程度分析等，这些分析目的是以一种概括且有效的方式来表征数据，为后续的复杂统计分析打下坚实的基础。

（二）主成分分析（principal component analysis）与因子分析（factor analysis）及其应用

在生态观测数据分析中，常涉及以定量的方式分析影响某一指标的主要因素。为了获得更加全面、准确的分析结果，需要考查表征该指标的多个变量。但过多的变量会增加分析问题的难度和复杂性。因此，为了尽量减轻数据分析的工作量，需根据原有变量之间的相互关系，用数量较小的新变量替换原有变量，即将多个变量转化为少数互不相关的几个综合变量，能够尽可能地反映原始数据中的绝大部分信息，主成分分析和因子分析正是为解决此类问题而产生的统计学分析方法。

1. 主成分分析

主成分分析在保证原始数据信息丢失最少的原则下，尽可能地对原始变量进行简化，是对高维变量空间进行降维的过程。降维可以减少数据存储空间，同时提高后续数据分析的效率。主成分分析的具体步骤：对给定的原始变量通过线性变换转成另一组不相关的综合变量，并将这些综合变量按照方差依次递减的顺序进行排列。某个综合变量的方差越大，则说明该变量中所包含的信息量越多，需要进行保留。其中，具有最大方差的综合变量称为第一主成分，方差次大的综合变量称为第二主成分，以此类推。当前 n 个主成分的方差累积贡献率超过 90% 时，可以认为这 n 个主成分已经能够表征原始数据，可用于后续的数据分析（吴玉红等，2010）。

例如，在进行湖泊水体的生态指标检测时，对于温度、透明度、溶氧等 8 项生态环境指标进行主成分分析，分析得出的前三个主成分已包含原 8 个指标的绝大多数信息，因此，可将 8 个指标降维至 3 个综合因子，便于后续处理。同时，通过对 3 个综合因子的线性组合进行分析，可得出其分别代表了水质状况、湖水富营养化与溶氧与酸碱度状况三个方面，后续可进行下一步的研究工作（赵益新，2008）。

2. 因子分析

因子分析是主成分分析的推广。相对于主成分分析，因子分析更倾向于描述原始变量之间的相关关系。因子分析是研究如何以最少的信息丢失，将众多原始变量浓缩成少数几个因子变量，以及如何使因子变量具有较强解释性的一种统计学分析方法（赵敏等，2004）。因子分析的基本原理是根据相关性大小对原始变量进行分组，使得同组内变量之间具有较高的相关性，不同组中的变量不相关或相关性较低。然后对每组变量提取一个公共因子，并要求该公共因子具有实际意义。因子分析的主要方法有重心法、影像分析法、最小平方法等。

因子分析与主成分分析之间存在着很多共同之处。例如，因子分析和主成分分析都常用于数据降维，获取的最终变量均包括原始变量所表征的大部分数据信息，并且这些变量之间互相独立。而因子分析与主成分分析之间的主要差别在于利用主成分分析产生的综合变量不要求具有明确的实际意义，而因子分析要求综合变量具有实际意义。

（三）方差分析 (analysis of variance) 及其应用

方差分析又称"变异数分析"或"F 检验"，其目的是检验不同样本均值间的差异是否有统计学意义，进而推断相应的总体均值是否相同。方差分析的基本思想是将全部数据的总方差分解成几部分。其中，每一部分表示某一影响因素或各影响因素之间的交互作用所产生的效应。之后，将各部分方差与随机误差的方差相比较，依据 F 分布作出统计推断，从而确定各因素或交互作用的效应是否显著。方差分析的主要方法包括单因素方差分析和多因素方差分析等。其中，单因素方差分析用来检验某一控制变量的不同水平是否给观察变量造成显著差异和变动。

例如，分析不同地区的同种松树林的高度是否具有显著的差异。而多因素方差分析是对一个控制变量是否受一个或多个因素或变量影响而进行的方差分析，例如，进行温度与湿度两个因素是否对林内空气质量有显著影响的研究。

（四）相关分析（correlation analysis）及其应用

事物之间的互相联系，可以通过确定性的数量关系反映出来，也可以表现为非确定性的依存关系，这类依存关系的表现形式之一就是相关关系。相关关系是指不同事物之间客观存在的、非确定性的对应关系。它反映了偶然现象的规律性，是一种大概如此但非绝对如此的关系。因此，相关关系不能用精确的数学表达式来描述。相关关系是相关分析和回归分析的研究对象（傅泽强等，2001）。其中，相关分析是探索不同事物之间关系的紧密程度及其表现形式的过程，其任务是对不同事物之间是否存在联系以及联系的形式等作出符合实际的判断，从而确定它们之间联系的密切程度，如正相关、负相关以及不相关；相关分析的结果也可以转换为模型，对未来的领域业务进行预测，检验其有效性。相关分析方法主要包括图表相关分析、协方差分析等。

例如，在大岗山杉木人工林生态系统土壤呼吸与碳平衡研究中，进行相关分析，理清土壤呼吸速率与土壤温度、土壤湿度等因素的关系，进而评价其碳汇能力（陈滨，2007）。

（五）回归分析（regression analysis）及其应用

回归分析是确定两种或两种以上变量间相互依赖的定量关系的一种统计分析方法，在生态领域运用十分广泛，回归分析按照涉及的变量的多少，分为一元回归和多元回归分析；按照变量之间的关系分为线性回归与非线性回归分析。回归分析是经典而又传统的数据分析方法，如在进行大岗山亚热带常绿阔叶林主要优势种呼吸日变化动态（王兵等，2005）研究时，运用回归分析方法，分别建立苦槠与丝栗栲的树干呼吸速率与其他因素的回归方程，进而分析两种树木之间的差异。

运用 Spark 框架做相关分析，将传统统计学模型与现代大数据技术相结合，能使得传统办法在面对生态站观测时的海量数据时依然有效，大大提升了统计学方法执行的速率与适用的范围。下面以 $PM_{2.5}$ 相关性分析为案例，介绍基于 Spark 的相关回归分析流程。

在生态站观测的各项数据中，$PM_{2.5}$ 是一个近年来广受关注的指标，它对社会生产生活实践有着巨大的影响，对其进行研究是一项具有挑战性和深远意义的工作。本案例利用 Spark 框架对 $PM_{2.5}$ 与其他观测数据类型建立回归方程，从而对 $PM_{2.5}$ 的浓度影响因素进行分析。

1. 数据读取

读取云平台上生态站观测大数据库，数据已进行预处理。

2. 数据分析流程

本案例利用 Spark MLlib 提供的线性回归模型（Linear Regression With SGD）方法来完

成数据分析任务，图 4-16 展示了本案例整体数据分析流程。

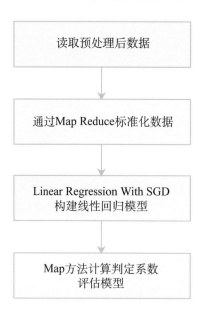

图 4-16　线性回归分析流程

在接入生态站观测大数据库读取数据后，根据数据分析任务的需求，利用 Map 方法提取出待分析指标的数据，并进行保存。对数据进行标准化后，利用 SparkMLlib 中提供的 Linear Regression With SGD 线性回归算法完分析任务，该算法运行完毕后即可产生相应的回归系数，利用该回归系数可以构建线性回归模型。最后，在 Map 方法计算判定系数，该值可以用来对生成的线性回归模型的性能进行评估。

3. 结果分析

回归分析面向的对象是客观事物变量间的统计关系，即在对客观事物进行大量实验和观察的基础上，用来寻找隐藏在现象背后规律的分析方法。

二、数据预测方法及其在生态观测数据处理中的应用

随着各类生态观测设备与技术的应用和推广，生态站观测水平大大提高，逐步形成了多指标、高频率、精度优的观测特点，产生了大量的生态数据。对采集的大规模数据进行分析有助于环境现状的评估与趋势预测。生态大数据包含的信息非常丰富，利用新技术新方法，就可能将之前隐含着的、常被忽略的信息发掘出来，产生跨行业的服务价值。

例如，通过使用降雨、土壤、温湿度等多项指标与森林火灾发生概率相联系，利用大数据分析技术对未来进行预测，以得出未来发生森林大火的可能性，从而提前做好应对措施，减少因大火带来的风险与损失。然而，生态气象体系有着高度的复杂性，其内部是一个耗散的、具备多个不稳定源的高阶非线性系统，组成因子相互作用，引起了气候的变幻莫测。通过生态观测体系集纳的海量数据，再借助于新兴的大数据分析技术，可大大提高生态

数据预测的精度与效果。下面介绍几类较为流行的数据预测方法。

（一）加权平均法及其应用

加权平均法是一种思想简单的预测方法，它利用过去若干个按照发生时间顺序排列起来的同一变量的观测值并以时间顺序数为权数，计算出观测值的加权算术平均数，以这一数字作为预测未来期间该变量预测值的一种趋势预测方法。算法的原理主要分为两部分：一方面根据事物发展的连续性，运用过去的趋势对未来进行预测；另一方面考虑到数据的随机性，通过平均处理减小数据波动。该方法实现较为轻松，但时间序列的权重难以确认，同时在生态观测领域该方法忽视了季节因素的影响，实现效果不够理想。

（二）指数平滑法及其应用

指数平滑法是一种效果较好、适应性强的时间序列分析方法，在自然科学领域有着广泛的利用。它的原理是每个时间点的指数平滑值均为该点实际观测值与上一点指数平滑值的加权平均，认为越老的经验数据对趋势的影响就越小，实质上是一种特殊的加权平均法，通过加权平均消除或减弱随机因素的影响。预测期较近的历史数据权重较大，权重根据距离预测点远近按规律变化。指数平滑法对普通的加权平均法做了优化，不舍弃较为久远的数据，但是逐渐降低久远数据的影响程度，随着数据的远离，逐步将它们的权重收敛至 0。根据需求的不同，指数平滑可以反复进行多次，有着不同的适用方向。根据平滑次数的不同，主要分为下面 3 种方式。

1. 一次指数平滑法

当时间序列没有明显的趋势时，可使用一次指数平滑进行处理。设观测序列，为加权系数，其计算公式如下：

$$\hat{y}_t = \alpha y_{t-1} + (1-\alpha)\hat{y}_{t-1} \qquad (0 < \alpha < 1) \tag{4-1}$$

式中：α 为加权系数；$\hat{y}_t$ 为第 t 周期一次平滑指数值。

对公式 (5-1) 进行递推，得到：

$$\hat{y}_t = \alpha \sum_{i=0}^{t} (1-\alpha)^i y_{t-i} \tag{4-2}$$

由于加权参数呈指数函数衰减，且加权平滑了随机干扰，所以称为指数平滑法。依据实践经验，常取 0.1 ～ 0.3，具体取值结合理论分析与实际操作情况决定。

最终预测下个时间点公式如下：

$$\hat{y}_{T+1} = \alpha y_T + (1-\alpha)\hat{y}_T \tag{4-3}$$

2. 二次指数平滑法

当数据集有清楚的趋势并可能包括未来向上运动预测的信息时，用一次指数平滑法来进行预测仍将存在着明显的滞后偏差，单单进行一次平滑效果较差，需再次进行平滑以修正偏差，利用滞后偏差的规律找出曲线的发展方向和发展趋势，然后建立直线趋势预测模型，这种方法称为二次指数平滑法，预测公式如下：

$$\hat{y}_{T+k}=2S_T-D_T+\frac{\alpha}{1-\alpha}(S_T-D_T)k \qquad (0<\alpha<1) \qquad (4\text{-}4)$$

式中：S_T 是单指数平滑序列，D_T 是二次指数平滑序列，分解如下：

$$S_t=\alpha y_t+(1-\alpha)S_{t-1} \qquad (4\text{-}5)$$

$$D_t=\alpha S_t+(1-\alpha)D_{t-1} \qquad (4\text{-}6)$$

3. 三次指数平滑法

三次指数平滑在二次指数平滑的基础上保留了季节性的信息，使得其可以预测带有季节性的时间序列，其中每一个方程式都用于平滑模型的三个组成部分（平稳的、趋势的、季节的），它包含3个参数（0～1）和一个追加的季节性方程式，其基础方程式如下：

$$S_t=\alpha \frac{x_t}{I_{t-L}}+(1-\alpha)(S_{t-1}+b_{t-1}) \qquad (0<\alpha<1) \qquad (4\text{-}7)$$

$$b_t=\gamma(S_t-S_{t-1})+(1-\gamma)b_{t-1} \qquad (0<\gamma<1) \qquad (4\text{-}8)$$

$$I_t=\beta \frac{x_t}{S_t}+(1-\beta)I_{t-L} \qquad (0<\beta<1) \qquad (4\text{-}9)$$

总预测公式如下：

$$\hat{y}_{T+k}=(S_T+b_Tk)I_{T+k-L} \qquad (4\text{-}10)$$

指数平滑法对历史数据的处理较为合理，与现实情况符合度高，预测简单易行，只需设置初始平滑参数一个模型参数即可，简便易行；同时模型可自动适应数据集的类型，以进行适当的调整。但它对于数据的转折点缺乏识别能力，对于趋势的变化不敏感，突变值对预测准确度影响较大，于复杂多变的数据不能取得较好的效果。由于模型本身的特点，久远时间点对预测结果的影响度较低，因此长期预测能力不强，多用于中短期预测。

在"互联网＋"生态站中，可利用指数平滑法对未来指标进行预测。依照算法原理建立指数平滑法的函数模型，权衡处理效果与计算时间，利用过去30个时间点的数据作为材料，可对未来2～3个时间点进行预测，取得了不错的效果。

（三）线性回归法及其应用

当进行某一数据类型的预测时，可分析该类型与其影响因素的关系，利用影响因素的值进行分析预测。利用虫鸣声对温度进行回归预测，如图4-17所示。但在生态领域，观测的数据类型众多，难以针对每种类型分析相关因素，且类型之间的作用类型往往都是非线性的，因此该方法效果较差。

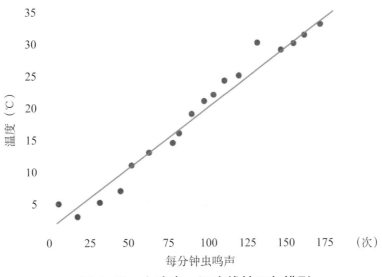

图 4-17 虫鸣声—温度线性回归模型

（四）ARIMA 模型及其应用

ARIMA（autoregressive integrated moving average model，ARIMA）模型全名为差分整合移动平均自回归模型，是一种时间序列预测分析方法。该类方法通过数据集进行训练，得到随时间变化的变量之间的相互依赖性和相关性，从而预测未来一段时间内变量的变化情况。ARIMA 模型比较简单，不考虑其他相关的变量，只分析变量本身随时间变化的关系，流程如图 4-18 所示。

ARIMA 模型的实质就是差分预算与 ARMA 模型的结合，通过将非平稳时间序列转换成平稳时间序列，然后将因变量仅对它的滞后值（p 阶）以及随机误差项的现值和滞后值进行回顾所建立的模型。通过利用差分运算强大信息提取能力的特点，将序列稳定化，再以 ARMA 模型进行拟合。当处理生态数据时，由于数据的复杂性，以及数据易受外界因素影响，统计特征不只相关与时间，数据波动性强，数据稳定性极差，即使通过差分化处理后也难以形成稳定序列，ARIMA 处理困难。且 ARIMA 模型本质上是拟合线性关系，应对非线性体系效果不好。

图 4-18 ARIMA 算法流程

（五）LSTM 网络

LSTM 网络是循环神经网络的一种。循环神经网络（recurrent neural network，RNN）是一类处理序列数据的神经网络，相比于基础的神经网络，RNN 节点定向连接成环，隐层神经元间有着权连接，随着序列的推进，前面的隐层会影响后面的隐层，损失值也会不断积累。RNN 网络中所有的权值是共享的，每一个输入值只与自身路线建立权连接。依据 RNN 的结构特点，网络可通过先前的信息连接至当前的任务，进行操作。由于结构缺陷，随着海量信息的输入，以及数据的不断迭代，微小的偏差都会逐渐累积，容易导致梯度爆炸及梯度消失现象，神经元如同"死掉"，不再发挥作用。RNN 网络在处理长期依赖问题时效果较差。网络当前的状态，可能与很久前的历史状态相关联，RNN 随着新信息的输入，会遗忘掉相距久远的信息，导致长期记忆失效。

LSTM 网络对上述的问题做了很好的解决（Gers F A et al.，2000）。LSTM（long short term memory，长短期记忆网络）是目前使用最多的时间序列算法，它的网络结构如图 4-19 所示。

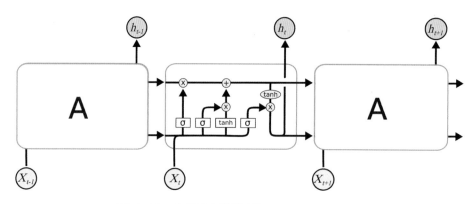

图 4-19　LSTM 结构图（Colah，2015）

与 RNN 网络不同，LSTM 新旧隐含层间相互作用的方式更加复杂。在简单 RNN 中，旧隐层神经元对新神经元的影响方式只是经过一个简单变换，对历史信息的重要程度没有进行足够的区分。而 LSTM 网络创新性加入了门结构，在重复神经网络模块的链式结构中，旧信息会进行筛选，重要的信息保留，无用的信息舍弃，让信息选择性通过。LSTM 通过 3 个门结构以保护和控制神经元状态，下面简单介绍 LSTM 执行的方式，如图 4-20 至 4-23 所示。

1. 决定丢弃的信息

LSTM 通过遗忘门层丢弃无用的信息，以对神经元蕴含的信息进行自我更新，它决定了上一时刻的细胞状态保留至当前时刻的程度。通过该门接受上一个时间点神经元输出的信息与接受到的新信息，输出一个 0 ~ 1 的值代表对信息的保留程度，0 表示全部舍弃，1 表示全部保留，以保留有价值的信息是神经网络中的参数，会在不断的信息迭代训练进行自我修正，使得网络对现实情况达到最优拟合，与 tanh 为激活函数，以给网络引入非线性。

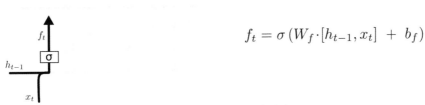

$$f_t = \sigma\left(W_f \cdot [h_{t-1}, x_t] + b_f\right)$$

图 4-20　LSTM 遗忘门

2. 形成新信息

本环节的目的是确定当前时刻神经元的输入对神经元状态影响的程度。此时有一层称"输入门层"，决定神经元具体某一部分的值将要更新。之后，新信息通过 tan*h* 层创建一个新的候选值向量，以在下一步更新神经元。

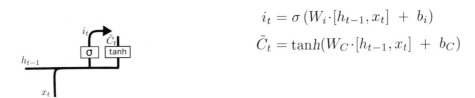

$$i_t = \sigma\left(W_i \cdot [h_{t-1}, x_t] + b_i\right)$$
$$\tilde{C}_t = \tanh(W_C \cdot [h_{t-1}, x_t] + b_C)$$

图 4-21　LSTM 确定新信息

3. 更新神经元状态

依据上两步的结果，神经元由当前状态更新至新状态，丢弃无用的旧信息，同时学习新的内容，将当前的记忆与历史记忆组合在一起。

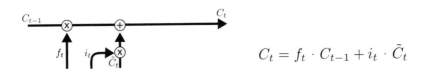

$$C_t = f_t \cdot C_{t-1} + i_t \cdot \tilde{C}_t$$

图 4-22　LSTM 更新细胞状态

4. 输出结果

神经元最终的输出由神经元当前状态与输出门决定，输出门对神经元输出信息进一步过滤，控制了长期记忆对当前输出的影响。

LSTM 的普适性高，通过几个门结构解决了传统循环神经网络中存在的问题，是处理长期时序问题的有效手段，适用于对生态观测数据进行预测。

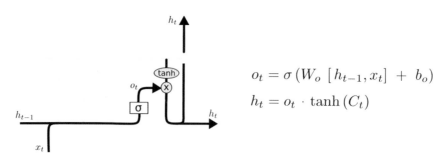

$$o_t = \sigma\left(W_o\,[h_{t-1}, x_t] + b_o\right)$$
$$h_t = o_t \cdot \tanh\left(C_t\right)$$

图 4-23　LSTM 输出信息

第五节　生态站大数据分析案例

基于生态观测数据的大数据分析应用可以分为三个层次：①第一个层次是描述性应用，通过对当前某个或某类指标的统计分析来掌握其动态发展规律；②第二个层次是分析性应用，通过对多个或多类指标进行关联分析来探索这些指标之间的联系，主要包括相关性分析，聚类分析等方法；③第三个层次是指导性分析，即在已有分析的基础之上，构建相关模型，如线性回归模型、决策树模型等，利用该模型预测指标未来的发展趋势，并基于预测结果进行决策。

一、基于统计学的生态观测大数据分析

在生态监测的研究中，通常会涉及大量环境因子与生物相关的实测数据，若仅对一种或者一类指标进行定量分析，将难以挖掘出环境的变化情形、生物与环境之间的内在联系以及生态规律。当前，基于统计学的生态观测研究分为两个重要的组成部分。

首先，依据领域知识与统计学中相结合的数学模型，然后依靠相关软件进行数据分析，如 SPSS、Canoco、CurveExpert 等。除此之外，也可以使用 R 语言、Python 等编程语言进行特定统计分析的程序开发来完成数据分析任务。统计学提供了多种多样的统计指标和数据分析模型，通过对具体数据分析需求的认知，采用一种模型或多种模型对数据样本进行分析来获得初始分析模型。

之后，利用该模型对相关数据进行分析并根据分析结果来评判模型的优劣。

最后，在此基础上对模型进行优化，通过不断地分析与优化直至获得性能较优的分析模型以及可靠的分析结果。

现有的统计学分析架构主要依靠单机的性能，以小批量的数据为对象进行统计分析，

无法应对海量数据的挑战。针对海量样本数据的分析，需要在原有的业务模型基础之上，依托大数据处理框架进行调整，使得生态模型不仅能分析小样本数据，也可在大数据领域充分发挥指导作用。

Spark作为开源大数据计算框架，能够完成传统统计分析的相关任务。同时，由于其本身的特点，使得传统数据分析能够作用在海量数据之上，进行全量数据分析，从而获取更为精确的统计分析结果，避免小数据样本选择所带来的随机性误差，使得分析结果更趋于可靠，进而为生态观测提供强有力的支撑。

二、基于机器学习的生态观测大数据分析

大数据机器学习，不仅是机器学习和算法设计问题，还是一个大规模系统问题，是一个同时涉及机器学习和大数据处理两个主要方面的交叉性研究课题。一方面，它仍然需要继续关注机器学习的方法和算法本身，即需要继续研究新的或改进的学习模型和学习方法，以不断提升机器学习算法分析预测结果的准确性。另一方面，由于数据规模巨大，基于大数据的机器学习会使几乎所有的传统串行化机器学习算法难以在可接受的时间内完成计算，使得算法难以发挥效果，此时应采用大数据并行处理机制，以提升处理速度。

基于机器学习的生态大数据分析流程同时涉及机器学习和大数据处理两方面的诸多复杂技术问题，包括机器学习方面的模型、训练、精度问题以及大数据处理方面的分布式存储、并行化计算、网络通信、任务调度等诸多因素。这些因素互相影响并交织在一起，大大提升了数据分析的复杂性。因此，大数据机器学习已经不仅仅是一个算法研究问题，而是需要针对领域内的大数据集，考虑从底层的大数据分布存储到中层的大数据并行化计算，再到上层的机器学习算法的大数据化改进等诸多方面。因此，大数据机器学习在关注机器学习方法和算法研究的同时，还要关注如何结合分布式和并行化的大数据处理技术，以便在可接受的时间内完成生态观测领域的海量数据的分析与计算任务，下面介绍生态大数据与机器学习结合的两种方式。

1. 大数据分治策略

分治策略是一种处理大数据问题的计算范例，在近来分布式和并行计算有很大发展的背景下，分治策略显得尤为重要。一般来说，数据中不同样本对机器学习结果的重要程度并不相同，样本中包含的一些冗余和噪音数据不仅造成大量的存储耗费，降低学习算法运行效率，而且还会影响计算结果的精度。因此，应依据一定的性能标准（如保持样本的分布、拓扑结构及保持分类精度等）选择代表性样本形成原样本空间的一个子集，之后在这个子集上运行基于大数据的机器学习算法，分而治之，高效地完成数据分析任务。这样才能在保证效率的同时，最大限度地降低机器学习算法对时间上、空间上的耗费。

2. 大数据并行算法

将传统机器学习算法运用到大数据环境中最为典型的方式之一是对现有机器学习算法并行化。例如，Luo 等(2012)提出一种特殊策略来并行处理一系列数据挖掘与机器学习问题，包括 SVM、非负最小二乘问题、L1 正则化回归问题。由此得到的机器学习算法可以直接在通用并行计算架构(compute unified device architecture，CUDA) 等并行计算环境中实现。另外一种实现机器学习算法并行化的方式是基于 MapReduce 编程思想重新开发传统机器学习算法，从而满足大数据分析的需求。目前，Spark 的 MLlib 中已经包含大量传统机器学习算法，这些算法本身已经具备了并行化的特征，并且能够借助 Spark 集群高效地运行。此外，实现并行化的机器学习算法带来的另外一个附加优势是能够进一步提升计算机硬件的利用效率，采用基于 GPU 并行化算法可以有效降低内存开销，从而使得机器学习算法可用于处理更大规模的数据集。

三、基于 Spark 的观测指标相关性分析案例

本案例使用生态站提供的数据来探索观测指标之间的关系。

1. 数据读取

本案例所使用的是某生态站提供的数据，数据的采集时间为 2019 年 10 月 1 日至 11 月 20 日。数据集中每一个样本数据占用一行，每一行数中有多列，依次包含的属性为采集时间、设备名称、指标缩写、采集指标数值等，数据间隔 5 ～ 30 分钟。根据数据分析任务的需求，可选取重点关注的属性缩写进行相关性分析，数据格式见表 4-3。

表 4-3　采集的原始数据结构示例

采集时间	设备名称	指标缩写	指标数值

2. 数据预处理

实际分析数据前，需要将不同采集频度的数据按照分析频度要求进行规约，选用上文的数据集中方法，利用元数据操作语言建立规则，经数据集成后，进行规约。本案例假设选取 3 个观测指标进行相关性分析，规约后，将各观测指标数值按到规约时间点进行排列，表格结构见表 4-4。

表 4-4　规约后的表格示例

规约后的时间点	指标1的名称及数值	指标2的名称及数值	指标3的名称及数值

对规约后的数据进行质量评估，消除数据中的异常数据。

如果观测数据的量纲不同，需要进行数据标准化处理，这样才能保证最终数据分析结果的准确性。本案例利用 Map 方法以最小—最大规范化的方式对观测数据量纲进行标准化操作，使得各指标数据均映射在统一空间，提升分析的效果。

最小—最大规范法是指对原始数据进行线性变换，将各指标数据均映射到了统一空间。这种方法保留了原来数据中存在的关系，是消除量纲和数据取值范围影响的最简单方法。

3. 数据分析流程

本案例使用皮尔森系数（Pearson）方法进行相关性分析。在预处理后数据的基础上，调用 Spark 框架中的 corr 方法计算相关系数，以完成数据分析任务，对于海量数据的各项操作均由 Spark 框架调用算力进行，图 4-24 展示了本案例整体数据分析流程。

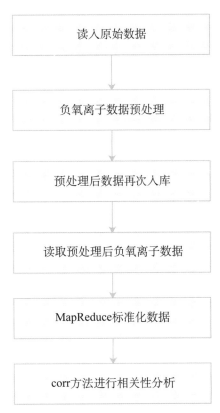

图 4-24　观测指标数据的相关性分析流程

4. 结果分析

经程序分析运算，指标相关性分析结果，见表 4-5。

表 4-5　指标相关性分析结果

类型	相关系数
指标1和指标2的相关系数	−0.531
指标1和指标3的相关系数	0.627

由上表得出皮尔森相关系数可以看出，不同指标间的正负相关性。当然，仅仅通过一个生态观测站得出的推论可靠性较低，为了更好地验证上述推论，有必要对其他地区、同一时期的生态观测数据进行分析。表 4-6 展示了同一时期位于其他区域的生态观测站的数据分析结果。

表 4-6　其他区域指标相关性分析结果

类型	相关系数
指标1和指标2的相关系数	−0.728
指标1和指标3的相关系数	0.692

从表 4-6 展示的分析结果显示：不同欲求相同指标的相关性存在差异，这可能与两个生态观测站所处的不同地理位置、地理环境有关。

通过对以上 2 个生态观测站的数据分析可以发现，Spark 框架提供了对于大规模海量生态数据进行处理与分析的工具，可对海量数据的相关性进行分析，这也正是基于 Spark 的生态观测大数据分析的用武之地。

四、基于 Spark 与 LSTM 的观测指标数值预测案例

该案例通过分析采集到的观测指标数据，在基于 Spark 与 TensorFlow 的大数据分析平台上，建立 LSTM 长短期记忆网络时间序列预测模型，对未来的指标数据进行预测，为理解区域内观测指标变化规律提供依据。

1. 数据读取与预处理

本案例使用某森林生态站 2019 年 4 月 1 日至 7 月 31 日的待预测指标的观测数据，数据的间隔时间为 5 分钟，对于缺失值与异常值，采用均值填充法补全替换。数据预处理后再次入库，作为可用数据供后续分析使用。指标原始的观测数据的整体变化曲线图如图 4-25 所示。

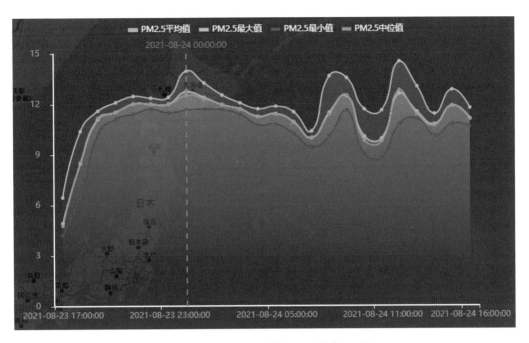

图 4-25 某生态站待预测指标变化

2. 网络结构简述

利用 TensorFlow 框架进行网络的搭建。TensorFlow 是一个采用数据流图（data flow graphs），用于数值计算的开源软件库。它灵活的架构可以在多种平台上展开计算，例如台式计算机中的一个或多个 CPU（或 GPU）、服务器、移动设备等。TensorFlow 最初由谷歌大脑小组的研究员和工程师们开发出来，用于机器学习和深度神经网络方面的研究，但该系统的通用性使其也可广泛用于其他计算领域。网络的学习率设置为 0.0001，bach_size 设为 60，LSTM 层设置为两个，每层 10 个神经元，迭代进行 1000 次训练。

3. 分析流程

分析流程如图 4-26 所示，经预处理后的数据在输入网络前首先进行标准化操作，将不同量级的数据转化为统一量度的 Z-Score 分值进行比较。经过处理的数据符合标准正态分布，均值为 0，标准差为 1，方便网络进行学习。

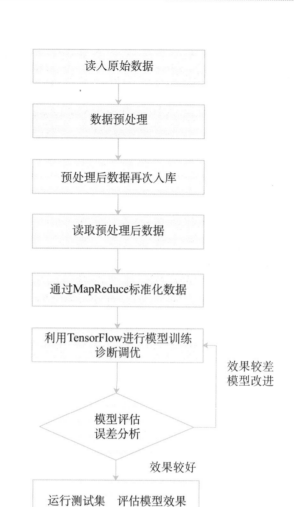

图 4-26　LSTM 预测流程

输入为该时间点的待预测指标标准化后的数值，输出为下一个时间的数值。数据集中取前 80% 作为训练集，供网络学习训练使用，后 20% 为测试集，测试网络预测的效果。

4. 结果简述

本案例通过小时数据预测下一个小时数据。图 4-27 为测试集的网络预测效果展示，以数据条数为横轴，数据预测值为纵轴，与实际数值相比对总体误差率约为 14.4%。

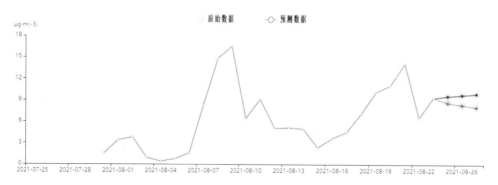

图 4-27　预测效果展示

由该案例可以得出以下结论，LSTM 在有着大量数据进行训练的情况下，适用于对生态观测数据进行预测，预测的精度较高，取得效果较好。这也是新兴机器学习技术与传统生态观测的一次结合，为将机器学习广泛应用于生态观测、形成新的有效的研究方式提供了实践经验。鉴于神经网络的高度可调节性，未来在技术方面可对网络模型进一步优化，以取得更好的效果。

当前，基于大数据与深度学习的生态观测研究仍然处于探索阶段，特别是在传统生态观测已经具有较为完善的数据生态背景下，不能将原有技术完全照搬，而是应该结合行业的特征进行深入分析和探讨，挖掘生态观测领域的需求，需求是发展的原始动力。本节所介绍的基于大数据与机器学习在生态观测领域的 2 个案例，分别从传统数据统计、相关性分析、线性回归模型多个角度，阐明了大数据技术与机器学习在生态观测领域具有极强的适用性和广阔的应用前景。将大数据技术、机器学习、数据分析数据挖掘等相互交织（图 4-28）的信息技术与生态观测领域结合，充分发挥两者的优势，从而更好地利用生态大数据，为人类造福，这也是"互联网＋生态站"建设与发展的初心与使命。

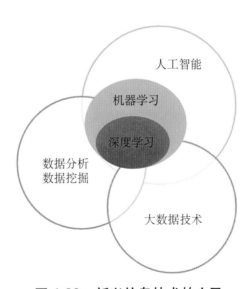

图 4-28　新兴信息技术的交叉

此外，生态观测大数据的开放和共享生态环境尚未形成，领域内"信息孤岛"普遍存在，数据不愿开放、不能共享的现状直接限制了大数据技术在生态观测领域的发展。这就需要加强规划和设计，推进生态观测业务流程、服务模式、管理体制等多方面的改革，消除不同部门、不同机构对生态观测大数据发展的顾虑，进而加强生态大数据应用能力的建设，开启大数据技术与生态观测高度融合的新时代。

第五章
"互联网＋生态站"大数据平台

基于"互联网＋生态站"的理论与技术体系，北京林业大学 CFERN& 云创"互联网＋生态站"技术研发中心研究团队针对生态站的数据采集、传输、存储、管理、分析和可视化等环节的实际功能需求，开展了理论技术研究与跨界实践工作，设计和开发了集以上功能为一体的、云平台环境下的"互联网＋生态站"大数据平台系统（ecology big data cloud platform，EBDCP）。本章我国森林生态站的相关观测数据的采集、存储、管理和分析为例，对平台系统的前后端相关设计特点、开发技术和原理、数据监听与接收原理、数据处理流程和主要功能等方面进行叙述。

第一节 "互联网＋生态站"大数据平台设计与特点

一、"互联网＋生态站"大数据平台

"互联网＋生态站"大数据云平台是利用移动互联网、物联网、云计算、大数据、人工智能等新一代信息技术，通过感知化、物联化、智能化的手段，形成生态数据智能感知、管理协同高效、生态价值凸显、服务内外一体的生态站建设新模式，将新一代信息技术与生态站建设、运行、观测与数据分析等工作深度融合，从而充分发掘生态站的数据价值，为研究人员提供数据支撑。

（1）"互联网＋生态站"大数据平台的设计，严格依照国家标准观测指标体系如《森林生态系统长期定位观测指标体系》（GB/T 35377—2017）、《森林生态系统长期定位观测方法》（GB/T 33027—2016）等标准规范，对采集指标、采集频率、单位等进行规范化处理。

（2）"互联网＋生态站"大数据平台实现了同时对多个生态观测站点实时数据传输和监听接收；结合关系型数据库与 NoSQL 型数据库对观测数据进行统一、高效存储与管理，解决了多站海量数据融合存储的一体化管理问题，成为了多站点观测数据的大数据融合、管理

和分析平台。

（3）在数据分析方面，除了常规的统计分析方法外，还加入了相关机器学习算法，并将数据分析后的结果以直观的图表形式进行可视化，便于科研人员对系统分析结果进行利用和评价。

（4）在界面的样式设计方面，系统提供样式美观和响应速度快的界面，便于用户使用。

总之，"互联网＋生态站"大数据平台实现了海量数据存储、管理、快速访问、生态统计学模型准确构建、定制型的复杂且多维图形的展示功能，为森林生态监测工作提供科学、高效、准确和方便的数据存储、管理、可视化和分析支撑。

二、前后端分离开发技术

传统的项目采用单体应用开发，后台代码与静态页面紧密结合，无法实现解耦，若修改一个功能需求，后端代码和静态页面均需要修改，这样做给开发者带来很大的工作量。

"互联网＋生态站"大数据平台基于 B/S 架构，总体架构采用前后端分离的架构思想，如图 5-1 所示，根据前后端交互 API 文档，二者通过 json 数据进行数据交互。前端使用 vue 框架实现页面数据展示以及接收后端请求，其中前端技术栈主要包括 Npm、Webpack 等，它主要专注于开发静态页面。后端使用 Spring Cloud 开发分布式微服务，主要关注服务的高并发和高可用，其中使用 Spring Boot 开发每个单体微服务。二者进行动态和静态分离，实现软件开发解耦，提高开发效率。

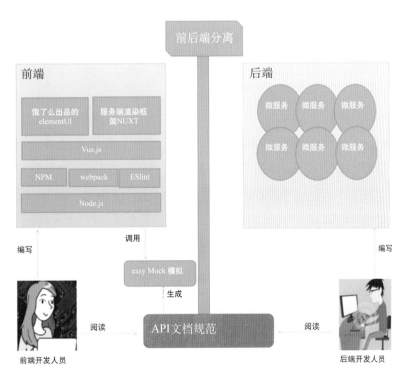

图 5-1 前后端分离开发图

前后端分离开发思想实现了软件开发的模块解耦思想，下文主要将对前端技术和后端技术做详细阐述。

（一）前端技术

前端技术使用了 Vue.js 框架，其中该技术在"互联网＋生态站"大数据平台系统中的运用有以下体现：

（1）Vue.js 整合了 ECharts 工具，该工具提供了可视化功能，系统中各种图表的可视化功能都是由该工具实现的。

（2）Vue.js 框架是一个轻量级的框架，高效的页面局部刷新技术可以将浏览器数据快速响应给用户。

（二）后端技术

后端技术主要采用了微服务的架构思想，使用 Spring Cloud 搭建分布式环境，Spring Boot 开发单体微服务。其中，单体微服务是依据系统不同的业务需求纵向划分的。

1. 微服务架构思想

微服务提倡将单一应用程序划分成一组小的服务，服务之间相互协调、互相配合。每个服务运行在其独立的进程中，服务与服务之间采用轻量级的通信机制进行服务调用。每个服务都围绕着具体的业务进行构建，并且能够独立地部署到生产环境中。

使用微服务开发大数据系统有以下优势：

（1）通过将巨大单体应用分解成多个服务，从而解决了复杂性问题，每个微服务相对较小且功能单一，并且可以单独部署于不同服务器上。

（2）单一职责功能，每个服务都很简单，只关注于一个业务功能，便于二次开发。

（3）改善故障隔离。一个服务宕机不会影响其他的服务，如数据分析微服务模块出现问题导致宕机并不会影响历史数据查询功能。

2. Spring Boot 与 Spring Cloud

Spring Cloud 将一系列优秀的组件进行了整合。在大数据系统平台中使用了 Spring Cloud 的一些子组件，例如 Eureka 服务注册中心、Hystrix 服务断路器、Zuul 路由网关、Ribbon 负载均衡等组件。Spring Boot 注重开发每个单体的微服务，所有的单体微服务封装在 Spring Cloud 中。当后台数据接收设备发送过来的指标数据时，会寻找每个特定单体微服务模块，根据业务需求借助 Spring Cloud 特定组件构建大数据处理与可视化框架。如当用户请求站点数据时，首先通过 Spring Cloud 的 Zuul 路由网关组件，根据系统算法判断该用户请求格式是否正确、该用户对数据请求的权限是否符合管理员设定的权限等，以此来判断该用户对数据的请求是否成功。之后根据通过路由转发规则，请求不同的微服务数据接口。

三、分布式架构设计

"互联网＋生态站"大数据平台系统由于其功能复杂，每个系统功能之间具有服务调用关联，为了解耦各业务模块，所以根据不同的业务将系统划分为各个模块，如数据分析模块、实时数据查询模块、单点登录与个人信息管理模块等，便于管理各个模块，并采用分布式架构作为后端开发架构。

分布式架构是分布式技术的应用和工具，"互联网＋生态站"系统平台通过加密网络请求的方式，确保了在系统模块调用之间数据的安全性。

采用分布式架构主要有以下几种优势：

（1）由于单台服务器的性能有限，分布式架构可以综合利用多个节点的处理能力，提高整体系统的服务能力。

（2）每个分布式模块可以采用不同的解决方案，各模块可以选择各自的业务特点，选择不同的节点进行处理。例如，数据分析模块采用 CPU 性能较高的服务器，满足多线程实现需求；实时数据查询模块采用内存性能优秀的服务器，满足用户实时查询需求。

（3）模块的内聚性更高，实现后端程序的业务模块解耦，更多关注自身业务的实现。

四、"互联网＋生态站"大数据平台特点

"互联网＋生态站"大数据平台是面向生态观测大数据的采集、传输、接收、存储、管理、分析、处理和可视化的需求而开发的，主要具有如下几个特点：

（1）系统以 NoSQL 与数据索引作为数据管理技术，以内存数据库为数据缓存，读写数据效率快，实现了大数据的快速访问。

（2）采用当前最为流行的微服务思想架构，以 Spring Boot 与 Spring Cloud 作为微服务分模块开发分布式架构，实现了功能模块的解耦。

（3）从数据的采集到数据的可视化，这一系列过程实现了程序的分布式高速处理和运算，所有的处理都达到秒级甚至毫秒级运算，大大提升了系统驾驭大数据实时处理能力。

（4）生态站原有数据易于导入大数据平台。系统平台开发了数据导入程序，可将原有系统的数据导入生态观测大数据平台。数据导入后，原有站点的站点信息、观测指标、历史数据等信息全部纳入生态站大数据云平台，实现与原有系统的无缝对接。

（5）使用 Java 作为开发的主要语言，采用前后端分离的开发模式，便于系统代码管理和维护。

（6）平台的许多功能都使用到了可视化技术。为更直观地向用户呈现数据，体现数据的走势、数字特征等特点，系统提供多样化的柱状图、折线图方式表述数据。

五、"互联网＋生态站"大数据平台主要功能模块

用户利用自己的账号和密码登录云平台系统后，进入系统的主界面窗口，如图 5-2 所示。主界面中显示两个导航栏，第一个导航栏是处在窗口的顶部菜单栏，其中包括了实时数据、历史数据、数据分析、数据报表和数据审核五个功能菜单项，完成数据的查询、分析与可视化等动能；第二个导航栏是处在窗口左侧的站点导航栏，主要功能是帮助用户选取所需要的观测站点。不同用户由于其权限的不同，在站点导航栏中看到的站点的数量和名称会有所不同。

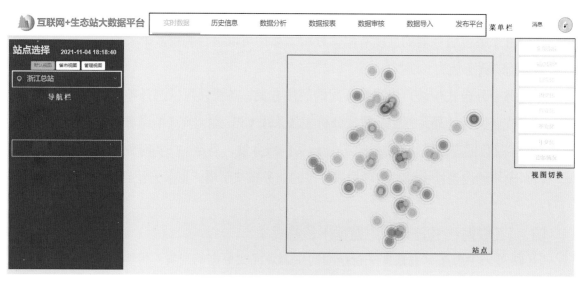

图 5-2　系统主界面

其中，图 5-2 中各功能栏中的功能用途解释如下：

（1）顶部菜单栏：主要包括实时数据、历史数据、数据分析、数据报表和数据审核等功能模块，用户可以单击不同的菜单项实现各功能模块间的切换。

（2）站点展示模式切换：主要包括默认视图、省市视图、管理视图 3 种站点查看模式，利用不同的视图，从不同角度将站点展示给当前用户，帮助用户快速找到所需站点。

（3）视图切换按钮：主要包括全日变化、周变化、月变化、季变化、年变化和设备情况等，主要功能是切换到不同时间尺度下，查看实时数据随时间的变化趋势图，也可查看当前站点的基本信息和所有设备的运行状况信息等。

（4）站点导航栏：列出当前登录用户所能看到的所有站点列表，用词可选择所需要的站点进行数据查询。

（5）站点位置展示：在地图上将站点地理位置展示出来，点击站点即可查看该站点介绍、站点实时数据等信息。

第二节 上传数据的监听与接收

站点数据的监听与接收是"互联网＋生态站"大数据平台系统的基础，是的数据来源。本节将重点讲解从站点接收数据开始，发送给后端微服务的数据监听和数据接收流程，如图5-3所示，其中涉及该传输流程的组件主要有站点中的传感设备与数据采集器、MQTT云服务器、平台端站点数据接收程序、ActiveMq消息队列。

首先，观测站点数据从观测站经过数据采集器，按某种传输方式和协议上传并存储到MQTT云服务器上，平台端站点数据接收程序时刻在监听MQTT云服务器，当有新的数据被平台端站点数据接收程序监听时，平台端站点数据接收程序将数据封装为一条以Json格式存储的字符串数据（一般以一个站点的多条指标数据为一条Json数据），将Json格式的字符串数据通过消息队列发送出去，最后，数据处理微服务接收到平台端站点数据接收程序发送来的数据，根据不同的业务场景对此条数据进行数据解析、计算处理、存储等工作，完成一次数据监听与数据接收。

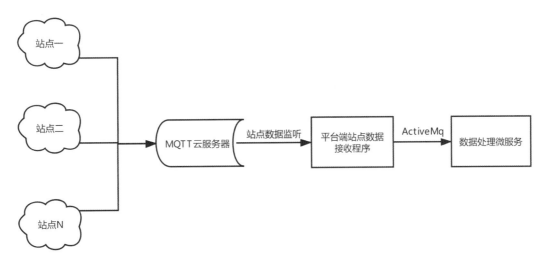

图5-3 站点数据与接收流程

一、传感设备与数据采集器

在生态站接入平台时，系统管理员根据本站点传感器和采集指标的具体情况，将数据采集相关参数事先定制到站点数据采集器中，站点接入完成后，数据采集器将按照其内部的配置参数，定时地采集各传感设备的数据，并在对数据进行初步的整理与封装后，将数据发送到MQTT云服务器中。

值得注意的是，目前部分已建生态站点的数据已经实现通过MQTT协议将站点的数据发送到MQTT服务器，同时也存在部分站点的数据尚未实现将数据实时发送到MQTT服务器，针对这种情况，需要通过在站点数据采集设备上增加中间组件的方式，实现数据实时发送到MQTT服务器的功能。

二、MQTT 云服务器

MQTT 协议是一种基于发布 / 订阅范式的"轻量级"消息协议，其最大的特点是数据精简、消息可靠、以 Topic 码绑定消息源的发布—订阅模式，灵活易用，目前已经成为 IoT 传输的标准协议，应用非常广泛。具体应用到生态站建设的数据监听与接收时，其工作模式如图 5-4 所示。站点设备将绑定上相应 Topic 码的数据发布到 MQTT 服务器中，数据接收程序则根据相应的 Topic 码订阅到相应站点数据，进而开始后续的数据业务处理。

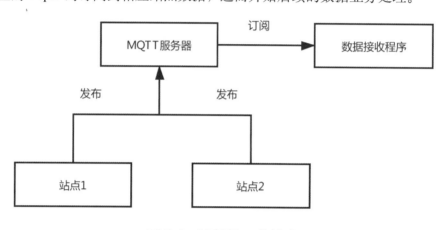

图 5-4　MQTT 工作模式

三、平台端站点数据接收程序

平台端站点数据接收程序作为 Server 端，通过监听各个站点约定的 Topic 码，实时地从 MQTT 服务器上订阅（接收）到相应各个站点的数据。

平台端站点数据接收程序接收到站点的数据后，一方面针对每个站点不同的数据格式，对数据进行解析与处理，统一成符合大数据平台数据库要求的数据格式，并存储到关系型数据库和 NoSQL 数据库作为各站点的原始数据记录。另一方面将解析后的数据通过 ActiveMq 消息队列发送给数据处理微服务程序，以便进行大数据平台的后续分析统计工作。

四、ActiveMq 消息队列

ActiveMq 是一个消息队列，其作用是将平台端站点数据接收程序发送至数据处理微服务中，在微服务程序中对接收的数据进行数据的预处理、数据清洗、数据计算等任务。该组件是二者的中间件，实现二者软件解耦。

第三节　服务器后台接收数据与处理

数据从平台端站点数据接收程序发送到数据处理微服务之后，微服务将对接收的数据进行相应处理。其中，主要的环节有数据清洗与预处理、核心业务处理、数据分析、服务消费者调用。本节将分为两个部分介绍，第一部分为服务器后台数据处理的整体流程，第二部分介绍整体流程中的任务处理细节。

一、数据接收与处理流程

数据从平台端站点数据接收程序发送到服务器后台的数据处理微服务之后，微服务对数据的处理过程的流程如图5-5所示，服务器后台为了提高数据的处理效率，开启了线程1到线程N，分别并发执行多个线程数据计算任务，如数据清洗、预处理、业务处理等。当服务消费者接收到调用请求时，服务器查询Redis缓存，直接返回Redis缓存数据结果；若Redis缓存中没有缓存结果，则发生"缓存穿透"，查询数据库之后将结果进行缓存。最后缓存结果集发送给前端请求，前端进行数据json串解析，将json串解析后的结果集交由浏览器渲染，根据业务需求以图表可视化状态或者数据列表状态显示。

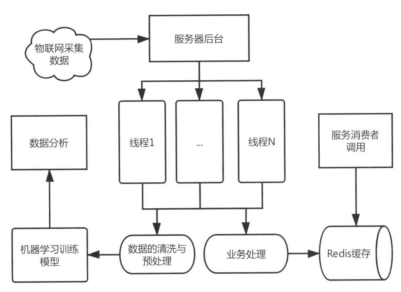

图5-5 后台数据处理流程

二、微服务与并行处理任务

当服务器后台接收到上传数据后，服务器后台相关微服务程序并行地执行相关数据处理任务，包括数据清洗与预处理、核心业务数据计算、数据分析、服务消费者调用等。

1. 数据清洗与预处理

该处理过程对服务器端接收的原始数据进行检查校验，并对数据进行清洗与预处理。遇到无效值数据和缺失值数据，系统通过机器学习算法将对数据进行修复，将修复之后的数据加入到机器学习训练模型中。被修复的原始数据仍旧会备份到后台数据库中，用户仍旧可以查询原始数据。之后对修复后的数据集进行机器学习模型训练，将训练结果放置数据分析模块缓存中，供日后的数据分析功能调用。

2. 核心业务处理计算

该处理过程主要对接收到的上传数据进行实时业务计算。例如，计算每小时的平均值、最小值、最大值、中位值等，最后将计算的结果集分别存储到关系型数据库、NoSQL数据库和 Redis 缓存数据库，为相关数据的快速查询提供数据准备。

3. 数据分析

该处理过程主要利用机器学习训练的模型，由于获取训练结果集的结果存在于数据分析模块缓存中，该过程直接调用即获取数据分析结果。

4. 服务消费者调用

该处理过程可以简单理解为用户点击某个按钮向后端服务器发送请求的过程，该过程前后端主要通过 json 数据进行数据交互的。

第四节　用户与权限管理

互联网＋大数据平台系统设计了基于用户和角色授予的方式来管理系统功能的访问权限，不同用户、不同的访问权限角色，能够访问的站点多少、功能模块等是不相同的，这种用户和权限管理模式，一方面保障了系统的数据安全性，另一方面也使得对用户以及访问权限的管理更加方便。

一、用户及权限管理

用户按照自己的账号和密码登录云平台系统后，根据管理员所授予的权限不同，用户可以看到不同的功能展示界面。系统分为两大部分权限，分别是站点权限和功能权限。

1. 超级管理员

超级管理员在该系统中只有唯一账号，供开发者使用，主要针对平台的研发与维护人员，具有访问"互联网＋生态站"大数据平台系统、后台管理平台的所有功能以及数据访问的权限、为其他用户授权等功能。相对于其他用户，超级管理员用户还具有监控和维护服务器集群实时状态的功能，并可管理数据库、维护表结构等。

2. 站点管理员

站点管理员用户主要是面向特定生态站的站长、站点管理维护人员、设备管理维护人员、数据审核人员及主管领导等人群，该类用户可使用大数据平台的所有功能模块。站点管理员用户依据其职能权限与观测数据保密的需要，具有一个至多个站点的数据访问权限。站点管理员还可新建普通用户并向其分配角色，向普通用户分配名下站点数据的访问权限。站点管理员用户的具体的角色分配。

当有新建站点接入大数据平台时，超级管理员可为新建站点添加站点管理员，并根据需求为管理员授予不同类型的角色和权限。除一般功能使用和数据访问权限外，可给该站点管理员授予管理角色的功能，此时该站点管理员就具有为站点普通用户分配角色和功能的权限。

其次，某些可以对角色进行管理的站点管理员可赋予其管理的用户角色，每个普通用户根据自己的角色不同而看到不同的页面。这样通过层级授权、管理员赋予角色、角色具有权限、用户分配权限一系列操作，即可达到最终的授权目的。

3. 普通用户

普通用户是"互联网＋生态站"大数据平台的主要用户，其使用平台的主要目的是为了多样化查看站点数据。但是，不同的普通用户使用大数据平台的目的不尽相同，侧重点不一，为更清晰地实现对普通用户功能权限的管理，将普通用户的权限分为以下几类角色，站点管理员可以为一个普通用户同时授予以下角色中的一个或多个，从而使该用户具有相对应的功能模块访问权限。

（1）访客角色：能访问实时数据功能模块。

（2）数据访问角色：能访问实时数据、历史数据、数据分析功能模块。

（3）数据审核上报角色：能访问实时数据、历史数据、数据分析、数据报表、数据审核功能模块。

（4）站点科研人员角色：能访问实时数据、历史数据、数据分析、数据报表功能模块。

（5）站点日常维护角色：能访问实时数据、历史数据、数据分析、信息通知功能模块。

用户按照自己的账号登录系统后，系统可以根据当前用户所授予的站点权限不同，来展示不同的侧边导航栏，如图5-6所示。左图对应的用户具有查看相关站点权限、右图对应的用户有查看其他站点权限。

图 5-6 不同用户显示其角色所属的侧边导航栏

二、权限授予机制

权限认证采用层级授权管理机制，超级管理员负责创建、删除和维护站点管理员及其所具有的角色和权限，站点管理员负责创建、删除和维护普通用户及其所具有的角色和权限，通过管理员设置角色、角色赋予权限、用户授予角色的机制，来达到超级管理员对站点管理员的管理、站点管理员对普通用户及其权限管理的目的。管理员可以利用系统内置的角色，也可以自定义新的角色对普通用户设置角色，一个用户被授予了哪几个角色，则就具有了这些角色的全部权限。

　　系统将自动根据当前登录用户所具有功能权限的不同，来显示不同功能页面，如图5-7所示，如上图对应的用户可以有查询实时数据、历史信息、数据分析、数据报表和数据审核的功能模块权限；下图对应的用户只有查询实时数据、历史信息和数据审核的功能模块权限。从两个用户的登录界面的主页中可以看到所具有的功能模块的多少是不一样的，这就是由于这两个用户所具有的角色和权限不一致的原因。

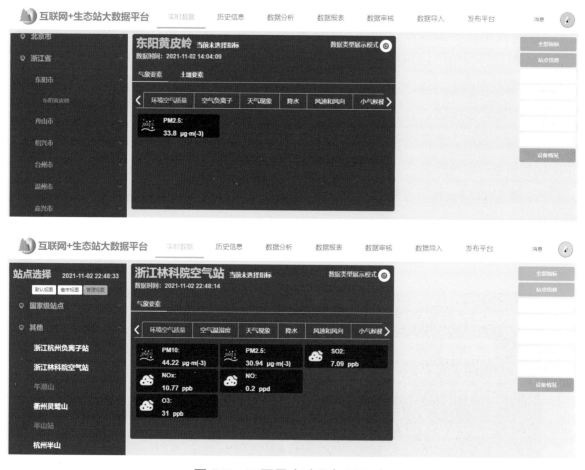

图5-7　不同用户访问权限示意

第五节　站点显示模式与站点基本信息

一、站点信息显示模式

　　针对不同用户对站点数据查询习惯的不同，系统提供了两种供用户选择站点的方式，第一种是利用导航菜单，在主窗口左侧导航菜单中以不同展示模式展示站点；第二种是以站点地理位置在地图上显示站点，系统可平面（卫星影像、地形图和行政界线、村落、公路等基本地理信息背景）展示站网分布与站点信息元数据信息。

进入系统的主界面窗口。用户可以在屏幕左侧站点导航栏中选择需要查询数据的站点，这些站点是管理员通过站点权限授予的当前用户能够看到的站点。

在屏幕左侧的导航菜单中，系统通过 4 种不同模式查询并显示站点，用户可以根据实际需求通过利用不同的展示模式快速找到所需要的站点名称。

1. 默认模式

以总站 / 子站的层级关系展示站点名称。上层菜单显示总的站点名称，下层菜单显示该生态站上建设的各个分站点。比如，浙江总站建设有自动气象站、功能站、梯度站等子站。原则上，系统在设计时，凡通过同一个数据采集器发送数据的所有观测设备形成一个子站点。

2. 类型模式

将站点按生态观测站点的功能类型进行分类，将站点归到不同的类别中进行显示，比如，可将站点分为清新空气站、气象站、空气质量站等类型，便于根据站点的功能类型查找所需要的站点。

3. 省市模式

以站点所属行政区域进行划分，按省 / 市 / 站点的层次隶属关系显示站点名称，上层菜单是各省名称，下层菜单是该省有关市的名称，最下层菜单显示该市建设的所有站点名称，便于用户通过行政区域查找所需要的站点。

4. 管理模式

以站点所属的级别进行划分，分为国家级站点、其他站点等。生态站的 4 种站点类型划分模式如图 5-8。

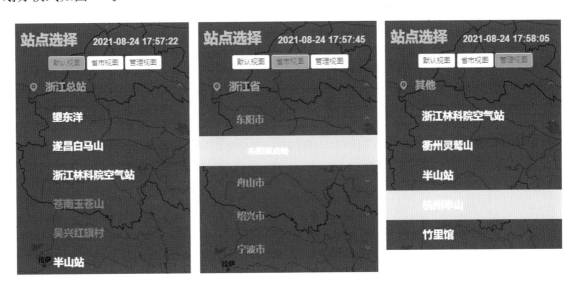

图 5-8　站点显示的四种模式示意

二、站点信息查询

用户登录系统后，能够在地图上看到相关站点的图标及其所在位置，用鼠标指向站点所在地理位置图标，可以即时弹出站点的名称、经度、纬度、优势树种等信息，如图 5-9 所示。

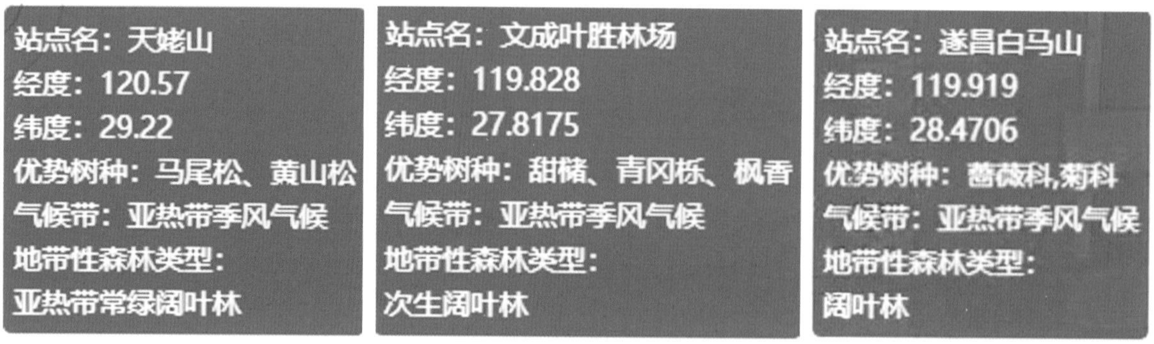

站点名：天姥山
经度：120.57
纬度：29.22
优势树种：马尾松、黄山松
气候带：亚热带季风气候
地带性森林类型：
亚热带常绿阔叶林

站点名：文成叶胜林场
经度：119.828
纬度：27.8175
优势树种：甜槠、青冈栎、枫香
气候带：亚热带季风气候
地带性森林类型：
次生阔叶林

站点名：遂昌白马山
经度：119.919
纬度：28.4706
优势树种：蔷薇科,菊科
气候带：亚热带季风气候
地带性森林类型：
阔叶林

图 5-9　站点位置示意

以"浙江省林业科学研究院小和山林业清新空气监测功能站"为例介绍。考虑站点名称过长，不便于平台站点信息展示和站点交互操作，故以"浙江省林业科学空气站"为站点名称介绍大数据平台实现的功能。实际部署和使用时，可根据领域专家需要，在大数据平台后台，动态配置和调整站点的精确显示名称。点击地图上的某个站点图标，可以进入并查看当前站点的实时数据信息，比如单击"浙江省林科院空气站"图标时，可以出现实时数据窗口，查看该站的实时指标观测信息，如图 5-10 所示，此时屏幕右侧视图切换按钮中的"站点信息"变为可用，点击该按钮可以看到该站点的有关信息介绍，包括该站点的名称、典型图片、地址、经纬度、简介、所属气候带、优势树种、地带性森林类型等，如图 5-11 所示。

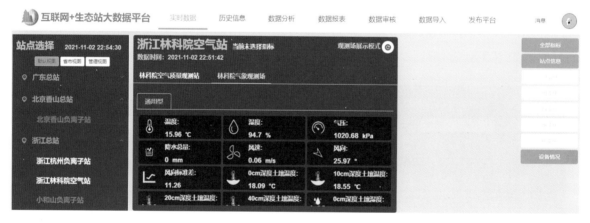

图 5-10　站点实时数据信息

图 5-11 站点基本信息查询

第六节 实时数据查询与可视化

一、站点实时数据显示模式

"互联网＋生态站"大数据平台系统设计并开发的"实时数据"功能，可使站点工作人员观察到自己站点所有采集指标的当前实时数据，系统提供了以下两种查看实时数据的方法：

第一种方法是在平台主界面窗口中的地图上，用鼠标单击站点所在地理位置图标。

第二种方法是在平台主界面窗口中，通过屏幕左侧的导航菜单，找到并点击对应的站点名称。

以上两种方法，都可以弹出实时数据窗口，其中显示了该站点观测指标因子的当前实时数据。

实时数据窗口可通过两种数据展示模式显示观测指标当前实时数据，一种为"数据类型展示模式"，另一种为"观测场展示模式"。

用户通过点击实时数据窗口右上角的"指标展示模式切换按钮"即可实现以上两种模

式间的互相切换。

如图 5-12 所示，实时数据窗口中当前展示的数据为浙江省林业科学研究院空气站数据，展示类型"数据类型展示模式"，即把该站当前指标，按观测指标类型分类分别进行展示。

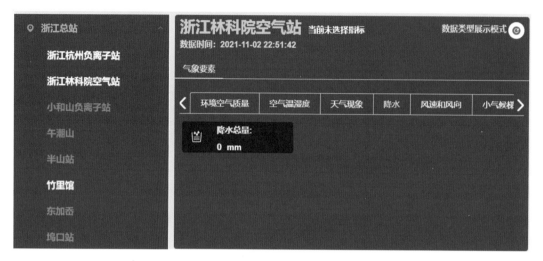

图 5-12　实时数据"数据类型展示模式"示意

如图 5-13 所示，实时数据窗口中当前展示的数据为浙江省林业科学研究院空气站的实时观测数据，展示类型"观测场展示模式"，即把该站当前指标以整个观测场的方式进行展示。

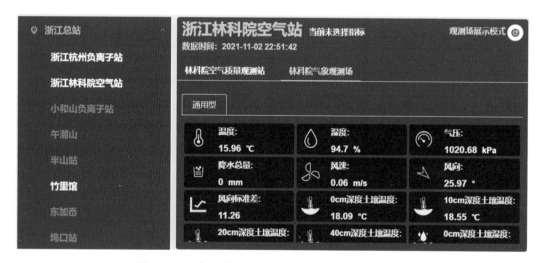

图 5-13　实时数据"观测场展示模式"示意

1. 数据类型展示模式

根据国家标准《森林生态系统长期定位观测指标体系》（GB/T 35377—2017），"数据类型展示模式"将站点观测的指标划分为三级，用户根据观测指标所属类型找到并查看相应观测实时数据：

第一级共分为五大类：水文要素、土壤要素、气象要素、生物要素、其他要素。

第二级为针对以上某一类的观测，把性质相近的指标划分成不同的组，如针对气象要素，分为空气温湿度、环境空气质量、风速和风向、小气候梯度等。

第三级为某一类观测中所包含的具体的观测指标因子。

可通过在实时数据窗口中，单击不同的组标签查看其中包含的观测指标的实时数据，如图 5-14 所示。

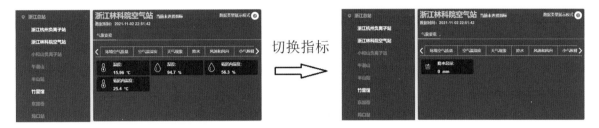

图 5-14 "数据类型展示模式"示意

2. 观测场展示模式

"观测场展示模式"根据观测指标所属站点、观测场、指标类等层级关系管理指标，将站点观测的指标划分为三级，分别为观测场、指标类和指标。

把属于同一个数据采集器发送的所有指标对应的观测区看作为一个观测场（或子站），一个生态站根据可有一至多个观测场，将观测指标按观测场进行划分，同一观测场的观测指标组织在一起，如通量塔、标准气象观测场、树干液流观测场等；同一观测场中的各种观测指标因子再根据性质相近的原则划分成不同的组，不同的组内包含有具体的观测指标，如图 5-15 所示。

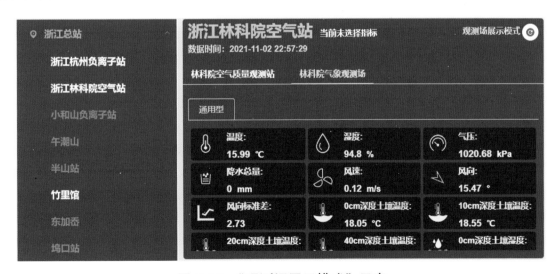

图 5-15 "观测场展示模式"示意

二、观测指标变化曲线查询与可视化

系统提供查看和分析某一观测指标因子的变化波动曲线情况功能，包括日变化、周变化、月变化、季变化和年变化等 5 种变化趋势分析。

在变化曲线图中默认包含了 4 条曲线，分别是当前指标的平均值、最大值、最小值和中位值组成的曲线。由于在服务器后端开发了微服务处理功能以及设计了数据缓冲机制，虽然变化曲线分析所涉及的数据量和运算量比较大，但反应数据特点的变化曲线显示的速度非常快，完全控制在秒级响应范围。

在实时数据窗口中，用户用鼠标单击选取其中某个观测指标，此时，屏幕右侧的"视图切换按钮"中的所有按钮由不可选中状态变更为蓝色的可选中状态，用户可以通过分别单击其中的日变化、周变化、月变化、季变化和年变化等按钮，查看当前选中的观测指标的相应变化趋势曲线图。

1. 日变化曲线

日变化就是查看当前选中观测指标的当日数据变化曲线情况，变化曲线中有四条曲线，分别是由当前查看指标因子的当日每个小时的平均值、最大值、最小值和中位值组成的曲线。如图 5-16 所示为浙江省林业科学研究院空气站 2020 年 8 月 16 日 14∶00 至 2020 年 8 月 17 日 13∶00 NO$_x$ 含量的日变化曲线图，当鼠标停留在曲线某个点上时，系统能自动显示当前的时间及对应的平均值、最小值、中位值和最大值。

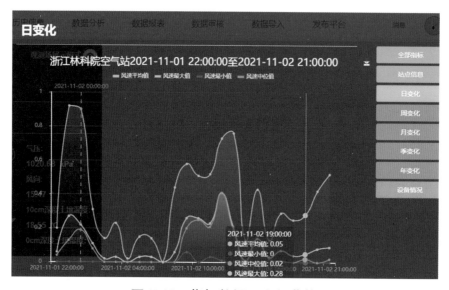

图 5-16　指标数据日变化曲线

2. 周变化、月变化、季变化与年变化曲线

周变化、月变化、季变化、年变化就是查看当前选中观测指标的本周、本月、本季度、本年度的数据变化曲线情况，变化曲线中也分别有4条曲线，分别是由当前查看指标因子的每天的平均值、最大值、最小值和中位值组成的曲线。比如，如图5-17所示为浙江林科院空气站近期的周变化、月变化、季变化和年变化的曲线图。

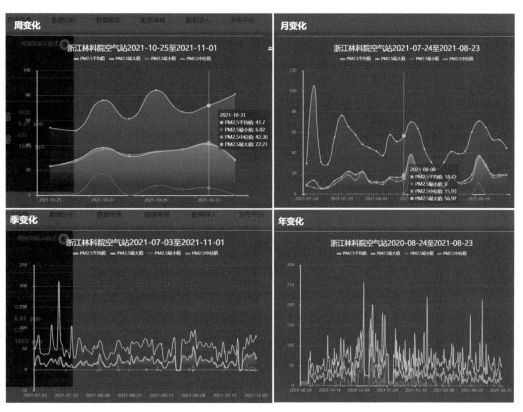

图5-17　周、月、季、年变化曲线示意

3. 下载并保存图表数据

大数据平台提供了对当前绘制的变化曲线图、显示的数据进行下载并保存的功能，如图5-18所示。可以通过单击曲线右侧的"保存为图片"按钮，将当前绘制的曲线图以 .png 的格式下载并保存到本地磁盘上；单击"导出数据"按钮，可将当前显示的数据表以 .csv 的格式下载并保存到本地磁盘上，.csv 格式的文件可由 Excel 打开，以便供用户后续使用。

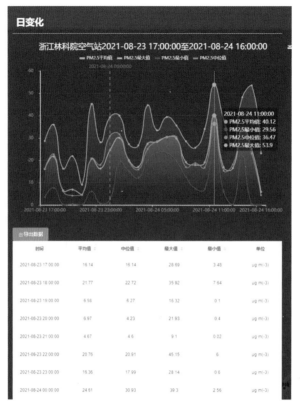

图 5-18　可视化图表下载功能示意

第七节　历史数据查询分析与可视化

　　"互联网＋生态站"大数据平台系统提供了历史数据查询与分析功能，生态站的科研人员可以查询某一个站点下的观测指标的历史数据，也可以同时查询多个站点公共的同一个指标的历史数据对比。

　　针对历史数据查询，用户需要通过在程序界面中选定时间段、站点和指标等信息。由于对历史数据的查询操作对数据库的性能开销要求较大，所以系统在后台设计时，采用了高可用的架构，以免数据丢失。高可用（high availability）是分布式系统架构设计中的重要一环，通过尽量缩短因日常维护操作（计划）和突发的系统崩溃（非计划）所导致的停机时间，以提高系统和应用的可用性。HA 系统是目前企业防止核心计算机系统因故障停机的最有效手段。

一、单站历史数据的查询与分析

　　在"互联网＋生态站"大数据平台系统的主界面中，点击顶部导航菜单栏中的"历史信息"菜单项，出现查询设置界面，从中选择站点、观测指标，设置查询的时间段和数据显示的大小粒度。比如，站点选择浙江林科院空气站，选择指标起始时间段分别设置为 2020 年 9 月

28 日和 2020 年 10 月 03 日（一周），数据显示的粒度为小时，相关信息设置完毕后，单击"提交"按钮，即可查询采集数据，查询出的数据结果记录分页显示，相关设置情况如图 5-19 所示。

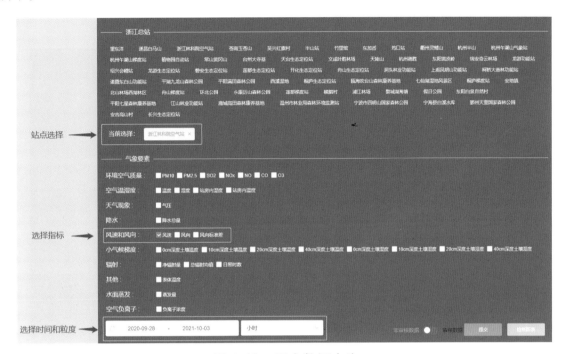

图 5-19 历史数据查询

在图 5-19 所示的查询数据界面中，点击"绘制图表"按钮，可以将当前查询到的数据绘制成变化曲线并显示。比如，以上例的查询结果，绘制站点历史数据图表，如图 5-20 所示。

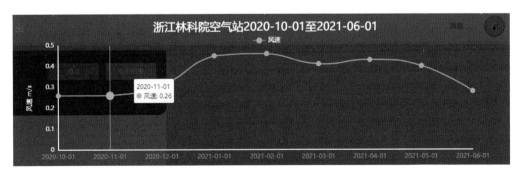

图 5-20 历史数据可视化"多表展示"

当查询结果数据量较大时，返回给浏览器的数据量也比较大，查询和计算的耗时较长，图表的绘制将会出现卡顿，为了使查询操作具有更好的用户体验，提高查询响应的效率，系统提供了数据显示粒度的设置，用户可以根据数据量的大小选择以小时、天、月为绘制坐标单位。对数据量较大的查询数据结果，可以选择以天或月作为横坐标单位进行图形绘制（其中，每天或每月的指标数据为该时间段内的中位值），降低数据量、运算量和网络传输数据量，提高绘图的速度。当数据量不大时，以小时作为横坐标单位，以便用户查询

更细节的数据。

　　若同时查询多个指标，系统提供了两种不同的图形绘制方式，一是"单表显示"，二是"多表显示"。"单表显示"模式将多个指标数据对应的曲线在同一坐标系中绘制，"多表显示"模式是将多个指标数据对应的曲线分别在各自的坐标系中绘制，如图 5-21 所示。

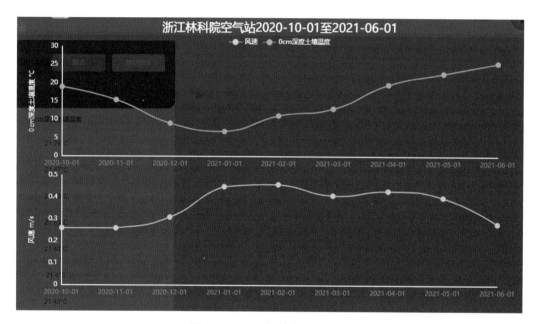

图 5-21　历史数据可视化

二、多站历史数据查询与对比分析

　　多站数据查询与对比分析是指对多个站点的同一时间段的、同一观测指标数据进行查询并进行对比分析，从而寻找多个站点间同一观测指标的变化规律。

　　在查询设置界面中，当用户同时选择了多个站点时，系统就认为用户要进行的查询是多站数据的查询与对比分析，此时，系统将自动筛选出所选站点的所有共性观测指标，供用户选择。

　　比如，在查询设置界面中，可以同时选择两个待比较的站点，此时，系统将自动显示两个站点的共性指标：气压、10 厘米深度土壤温度、20 厘米深度土壤温度、40 厘米深度土壤温度、湿度、净辐射量、风速、风向，在此可以选择 10 厘米深度土壤温度指标来在两个站点间进行数据对比，然后设置一个查询对比时间段，设置完毕后，单击"提交"按钮，系统将分页显示两站中查询到的相关数据，如图 5-22 所示。若单击"绘制图表"，则将相关查询结果绘制成曲线并显示，如图 5-23 所示。

图 5-22　多站数据对比分析

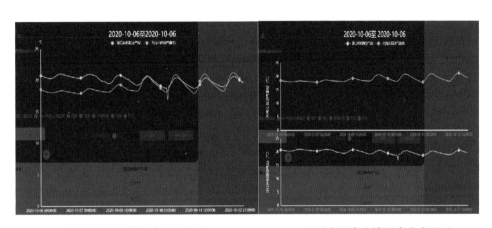

| 10厘米深度土壤温度单表展示 | 10厘米深度土壤温度多表展示 |

图 5-23　多站对比可视化

第八节　数据分析

数据分析是通过分析的手段、方法和技巧对数据进行探索与分析，从中发现因果关系，为林业生态研究提供决策参考。系统对生态监测的数据分析分为四大部分，分别是数据预测、数据同比环比分析、数据质量和统计特征数据查看。

在"互联网＋生态站"大数据平台系统的主界面中，通过点击顶部菜单栏中的"数据分析"菜单项，即可进入数据分析功能模块，如图 5-24 所示，本部分功能又细分为"数据预测""同比环比""数据质量""统计特征"，用户可以通过单击不同的标签进入不同的功能界面。

图 5-24　数据分析功能模块

一、数据预测分析

数据预测方面，综合考虑生态数据的统计学特征与科研人员的实际需求，将生态观测数据与机器学习、大数据等新兴信息技术相融合，平台设计和开发了 BP 神经网络、ARIMA、简单平均数法和移动平均数法四种机器学习算法，用于数据的预测。系统自动依据不同预测模型的数据需求，利用云平台中的历史数据对模型进行训练，提高预测的精准度。

单击"数据预测"标签，进入相应的程序功能界面，从中选择某个站点，然后选择其中某个观测指标，比如，选择站点"浙江林科院空气站"、选择观测指标"温度"，单击"提交"按钮后，系统自动利用已有的预测模型对该观测指标未来 3 天的数据进行预测，并将结果以曲线显示，将鼠标放在曲线上时，能自动显示 2 种预测模型的预测结果，如图 5-25 所示。在该界面下，默认情况下，能把 2 种模型的预测结果全部显示，用户也可以通过单击不同的预测模型名称控制是否显示该模型的预测结果。

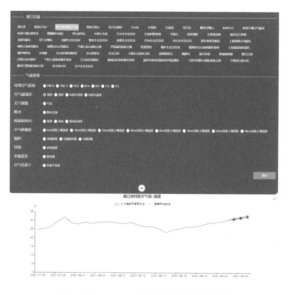

图 5-25　温度指标数据预测

二、同比分析

同比分析一般情况下是指当年第 n 月与上一年第 n 月比。同比发展速度主要是为了消除季节变动的影响，用以说明本期发展水平与上一年同期发展水平对比而达到的相对发展速度。如，当年 2 月与上一年 2 月对比分析、当年 6 月与上一年 6 月对比分析等。其计算公式：同比发展速度＝本期发展水平 / 上一年同期水平 ×100%；同比增长速度＝（本期发展水平－上一年同期水平）/ 上一同期水平 ×100%。在实际生态观测中，通常使用发展速度这一公式来研究同月数据变化趋势。

在森林生态监测领域，直观研究同比分析对于科研人员意义深远。通过将特定年份的数据进行处理计算，得到同比的结果，便于科研人员从中发现指标变化特点，进而进一步研究变化规律。

进入"同比"功能界面，从中选择某个站点、某个观测指标、年份，单击"提交"按钮，即可显示同比变化曲线图，如图 5-26 所示，对于绘制显示的曲线图可单击"图片下载"图标进行下载保存。

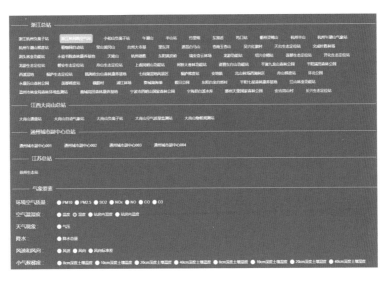

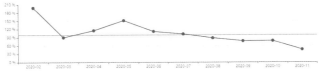

图 5-26 "湿度"指标同比变化趋势分析示意

三、数据质量分析

利用"数据质量"分析功能模块，可以查看某个站点历史上已存储到大数据平台的各项指标数据的正常、缺失、异常的整体统计汇总情况，按年份每个月分别给出统计结果，并根据具体情况以不同颜色直观显示统计情况，绿色表示数据正常，橙色表现有少量个别数据缺失或异常，红色表示缺失数据和异常数据较多。

　　点击"数据质量"标签，进入相应的分析功能界面，从中选择某个站点，单击"提交"按钮，系统将自动对当前选中站点的历史数据进行统计汇总，数据异常和缺失情况按月进行统计汇总，比如，某生态站的 2019—2020 年各月数据质量统计情况如图 5-27 所示。

图 5-27　数据质量可视化统计汇总示意

　　可以用鼠标点击查看某月份站点数据异常情况的详细信息，比如，点击 2019 年 3 月的图标，可查看该月出现的 4 条异常值的具体信息，包括采集时间、对应指标、异常值大小等信息，以便生态站管理人员对异常数据进行分析判断、排查问题等，如图 5-28 所示。

图 5-28　查看异常数据的详细情况示意

以上功能减轻了生态站管理人员的负担，具体体现在如下两点：

（1）可以直观看到站点自接入数据以来缺失和异常的指标数据，便于科研人员对这些异常数据进行鉴定、修复、排查相关问题等。

（2）便于总结统计该站点下每种数据指标异常的时间特点，根据每种不同指标的异常时间特点总结指标数据与设备工作之间的关联规律等。

四、统计特征分析

统计特征分析功能主要利用站点采集的样本数据统计出一段时间内指标数据的统计学特征值，包括数据的均值、方差、标准差、极值等统计特征。传统手段下，要计算这些特征值，用户需要将数据导入专用统计学软件完成，工作环节繁琐且数据量大、计算量大，耗时耗力。为了解决这些问题，"互联网＋生态站"大数据平台设置统计特征分析模块，可充分发挥大数据并行计算框架的优势，能将任意时间段任意指标的数据绘制形成折线图，并计算均值、极值、方差及标准差等统计特征，响应速度快、效率高，切实减轻一线科研人员负担。

在"互联网＋生态站"大数据平台系统的主界面中，用户在"数据分析"模块中选择"统计特征"标签，从中确定某个站点进行统计特征查询。如图 5-29 所示，例如选择"浙江林科院空气站"的温度指标，选择所查询的时间段，点击"提交"按钮，系统即可绘制该时间段内的温度变化曲线，表格中同时给出该时间段内的平均值、最大值、最小值、标准差和方差等统计学特征值。用户点击右上角的"保存为图片"按钮可将当前曲线下载并保存为 .png 图片。

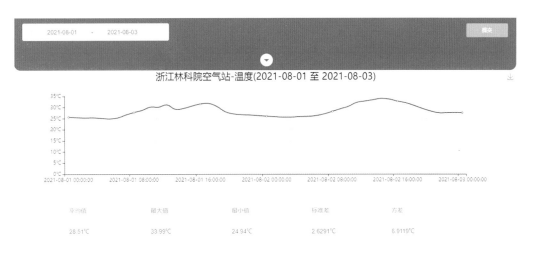

图 5-29 统计特征分析界面

第九节 数据报表

数据报表功能模块提供了对生态站历史数据进行文件下载的支持，用户可将所选定的站点的某个时间段内的历史数据按照给定的模板或自定义模板下载，并以 Excel 能够支持的 .xls 文件格式下载并保存到本地。利用下载的历史数据，用户可以开展分析研究工作，也可以利用该数据生成给上级部门或业务主管部门的上报数据报表。

在"互联网＋生态站"大数据平台系统的主界面中，通过点击顶部菜单栏中的"数据报表"菜单项，即可进入数据报表功能模块，如图 5-30 所示。

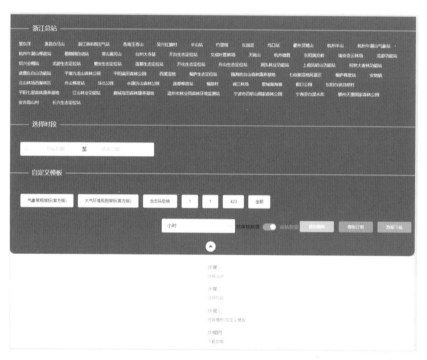

图 5-30 数据报表功能界面

从界面中选择站点、设置时间段、数据粒度等信息，比如，选择站点"浙江林科院空气站"，时间段分别设置为 2021 年 8 月 1 日和 2021 年 8 月 3 日，数据粒度设置为小时（数据粒度决定了报表数据的粗细程度以及数据量的大小，可根据时间段的长短情况，设置小时、日或月），如图 5-31 所示。

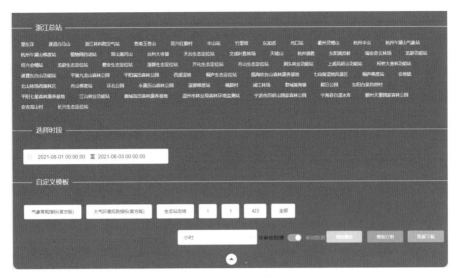

图 5-31 数据报表设置示意

单击"模板定义"按钮,可以为报表数据设置模板,此时系统自动列出当前站点中可供选择的指标,用户可以从中选择需要报表的指标,并给所定制的模板命名,如图 5-32 所示,比如,针对当前示例,此次选中了当前站点中的全部 3 个指标,并将定制的模板命名为"空气质量报告",设置完毕后,单击"确定"按钮,完成模板的定制,返回图 5-31 所示的界面。

图 5-32 报表模板定制界面示意

在如图 5-32 所示的界面中,当所有有关信息设置完成后,单击"数据下载"按钮,出现下载的对话框,在此对话框设置要保存的文件名和保存的地址,然后单击"下载"按钮,则系统自动将相关的数据按照模板保存到本地磁盘对应的文件中,完成数据报表工作。

在磁盘上可利用 Excel 打开刚才下载的报表数据文件,可见如图 5-33 所示的文件内容(限于篇幅影响,此图中只显示了部分报表数据内容)。

浙江林科院空气站-指标数据-2021-08-01 00:00:00-2021-08-03 00:00:00

时间	PM$_{10}$（微克/立方米）	PM$_{2.5}$（微克/立方米）	SO$_2$（ppb）
2021-08-01 00:00:00	17.27	7.72	9.32
2021-08-01 01:00:00	12.02	7	9.28
2021-08-01 02:00:00	19.38	8.34	9.3
2021-08-01 03:00:00	24.57	5.6	9.52
2021-08-01 04:00:00	25.09	19.56	9.46
2021-08-01 05:00:00	22.78	10.15	9.41
2021-08-01 06:00:00	24.03	11.41	9.23
2021-08-01 07:00:00	32.8	14.75	9.28
2021-08-01 08:00:00	22.57	8.16	8.99
2021-08-01 09:00:00	18.18	3.8	8.97
2021-08-01 10:00:00	32.35	20.98	1.07
2021-08-01 11:00:00	58.65	37.37	1.08
2021-08-01 12:00:00	41	20.81	1.07
2021-08-01 13:00:00	22.94	10.62	1.06
2021-08-01 14:00:00	18.77	7.15	9.2
2021-08-01 15:00:00	27.32	11.8	9.39
2021-08-01 16:00:00	22.31	10.03	8.79
2021-08-01 17:00:00	24.04	18.05	9.19
2021-08-01 18:00:00	42.27	23.21	8.85
2021-08-01 19:00:00	50.07	48	8.87
2021-08-01 20:00:00	52.96	46.69	8.78
2021-08-01 21:00:00	43.49	32.84	9.08
2021-08-01 22:00:00	52.12	38.43	9.18
2021-08-01 23:00:00	52.02	34.2	9.07
2021-08-02 00:00:00	58.82	36.71	9.16
2021-08-02 01:00:00	48.51	33.69	9.21
2021-08-02 02:00:00	42.51	28.85	9.24
2021-08-02 03:00:00	36.3	19.31	9.36
2021-08-02 04:00:00	40.58	28.05	9.11
2021-08-02 05:00:00	44.79	28.43	9.38
2021-08-02 06:00:00	47.47	31.08	9.32
2021-08-02 07:00:00	51.93	29.53	9.26
2021-08-02 08:00:00	52.91	29.37	9.1
2021-08-02 09:00:00	32.92	34.26	8.95

图 5-33　报表数据内容示意

第十节　数据审核

数据审核功能是指在进行数据报表或向上级部门上报数据之前对原始数据的审查和核对。系统平台提供了辅助用户完成数据审核的功能，系统通过图形等直观方式辅助用户发现观测数据的异常值（过高、过低等），并提供数据修改的功能，从而消除异常值。

在生态站采集数据的实际工作环境中，由于天气原因、设备工作状况、其他未知原因和不确定因素等方面的影响，生态站采集数据可能会出现"异常"的情况，这些"异常"情况，可能是错误数据，也可能是有意义的数据，因此，需要进一步经过专业人员的判别分析进行确认、修正，"数据审核"功能主要是针对"异常"数据的检查和修订需求而定制的一个功能。

在"互联网＋生态站"大数据平台系统的主界面中，通过点击顶部菜单栏中的"数据审核"菜单项，即可进入数据审核功能模块，如图 5-34 所示。

从数据审核功能界面中选择一个站点，比如，选择站点"浙江林科院空气站"，系统自动将该站点最近一周采集的所有指标数据用曲线的方式展示给用户，如图 5-35 所示。这种以曲线的方式展示所采集的数据的优点是能帮助审核人员很容易地发现"异常"数据点（即曲线的极值点），便于审核、修订。

图 5-34　数据审核功能界面

20厘米深度土壤温度（℃）

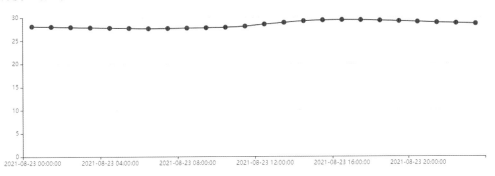

NO(ppd)

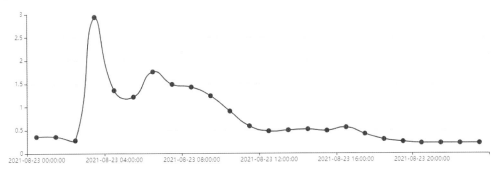

图 5-35　数据变化曲线

在如图 5-35 所示的曲线中，用户能清楚地看到过高或过低的疑似"异常"数据，经用户确认的异常值，可以在曲线的异常点上单击，在弹出异常值修改窗口中，如图 5-36 所示，用户可以手工输入正确的数值，然后单击"修改"按钮，完成对异常值的数据修改。

在进行数据审核时，系统按照时间由近而远的顺序，默认将最近一周的站点采集数据通过可视化技术显示给用户，供用户进行审核。一周以前的数据若用户没有进行人工审核，

———————
注：1ppd=1微克/毫升

系统后台会智能地对未审核的数据进行大数据分析，将分析之后的认为异常值的数据自动进行审核和修订。

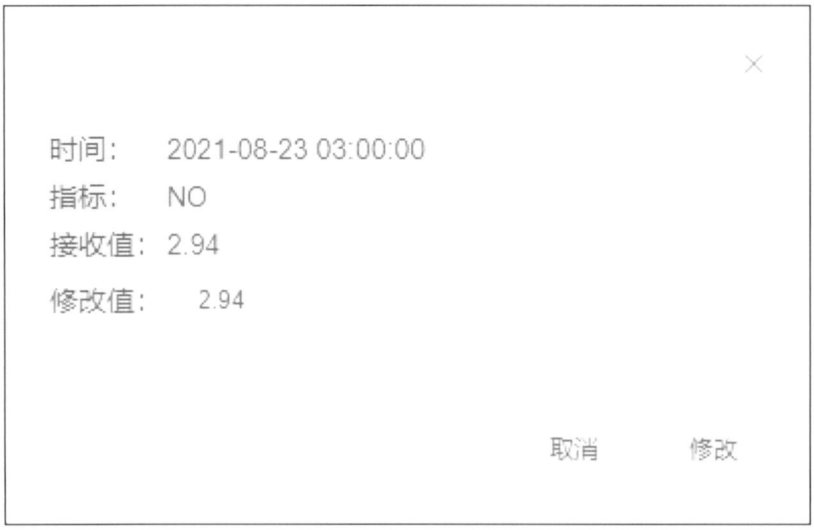

时间：   2021-08-23 03:00:00
指标：   NO
接收值： 2.94
修改值： 2.94

取消   修改

图 5-36　数据修改

第十一节　设备状态查询

对于森林生态站点来说，由于很多观测设备长期暴露在野外较恶劣的自然环境中，长期受到风吹、日晒、雨淋、雷击等因素影响，可能导致观测设备硬件工作不正常、断电、设备损坏等情况发生。如果不能及时获取设备故障信息，导致设备得不到及时维护和修复，将造成长时间观测数据的缺失，为将来的数据分析带来问题。因此，及时掌握和了解观测站点设备的运行状况，尤其是能使站点管理人员第一时间掌握设备的异常情况，是十分必要的。

针对以上问题和需求，"互联网＋生态站"大数据平台系统中，设计并开发了相关功能模块，可以准确地观测到站点的某一个设备、该设备下某一个端口、该端口下某个指标是否正常，这些功能对于生态站的管理人员及时掌握站点观测设备工作情况尤其是异常情况，并针对异常情况进行及时修复和维护相关设备有着非常重要的意义。

在"互联网＋生态站"大数据平台中，站点管理人员可单击主界面中的"设备情况"按钮进入设备情况的界面中，用户可清晰地看到站点设备的工作状态以及设备的详细信息。如，一个监测设备具有的端口状态信息、端口对应的监测指标信息和端口对应的传感器状态信息。这些状态信息以可视化表格的方式呈现给用户，使用户更加清楚地监测设备的实时状态，为生态站的监测工作提供硬件设备的监控。

例如，以当前浙江林业科学研究院空气站为例，用户在主界面中，选择"浙江林科院空气站"，选择右侧"设备情况"，即可查询当前站点的设备运行情况，如图 5-37 所示，可见当前浙江林业科学研究院空气站的所有端口以及监测指标都是正常的。若出现异常设备，状态栏会明确标明出现异常的设备详细位置。

浙江林科院空气站

端口	检测指标	传感器	状态
com1	PM10	ThermoPM10测量仪	正常
	PM2.5	ThermoPM2.5测量仪	正常
	负离子浓度	负离子传感器	正常
com2	SO2	ThermoSO2测量仪	正常
	NOx	ThermoNOx测量仪	正常
	NO	ThermoNO测量仪	正常
	CO	ThermoCO测量仪	正常
	O3	ThermoO3测量仪	正常
com3	温度	空气温度传感器	正常
	湿度	空气湿度传感器	正常
com4	气压	气压传感器	正常
	降水总量	降水量传感器	正常
	蒸发量	蒸发量传感器	正常
com5	风速	风速传感器	正常
	风向	风向传感器	正常
	风向标准差	风向标准差传感器	正常

图 5-37 查看观测设备及端口工作状况

当站点设备出现异常，系统会智能地以站内系统消息、邮箱通知和短信通知方式给站点管理员发送站点设备状态预警报告，其中警报内容包括是否出现异常数据、数据是否连续缺失、站点是否停止工作和数据正常接收后的通知等情况。同时，系统会第一时间更改图 5-37 中设备的运行状态，并且向管理员发送系统通知和短信提醒，负责相关工作的站点工作人员可以及时得知出现故障情况的设备，以便尽快修复使之正常工作。例如，如图 5-38 所示，苍南玉苍山设备状态丢失，系统及时向生态站管理人员发送了警报，工作人员及时采取了措施，降低了数据缺失带来的损失。

警报信息的及时发送，不仅体现了"互联网＋生态站"大数据平台对于数据实时性的要求，同时也体现了平台对于数据以及监测设备的高效管理需要。

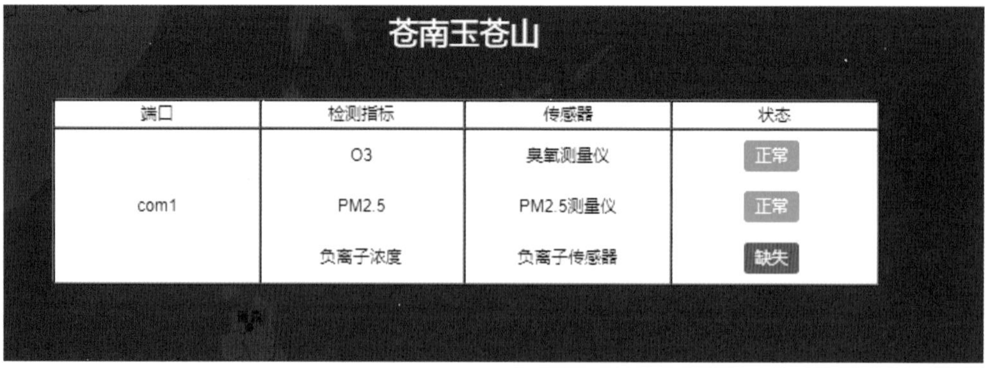

苍南玉苍山

端口	检测指标	传感器	状态
	O3	臭氧测量仪	正常
com1	PM2.5	PM2.5测量仪	正常
	负离子浓度	负离子传感器	缺失

图5-38　设备异常通知

总之，"互联网＋生态站"大数据平台实现了新一代信息技术与生态站建设的深度融合，解决了生态站中基于物联网的自动化数据采集和规范传输、基于云计算技术的分布式存储与管理、基于大数据技术海量数据处理与分析等问题，可有效满足当前各生态站建设和运行过程中的实际需求，对推动生态站建设和发展具有重要的影响。

参考文献

阿里研究院，2015. 互联网 +: 从 IT 到 DT[M]. 北京 : 机械工业出版社 .

蔡国华，李慧，李洪文，等，2011. 基于 ATmega128 单片机的开沟深度自控系统试验台的设计 [J]. 农业工程学报，27(10):11-16.

曹明奎，李克让，2000. 陆地生态系统与气候相互作用的研究进展 [J]. 地球科学进展，15(4):446-452.

常兆丰，1997. 我国荒漠生态系统定位研究的现状与基本思路 [J]. 干旱区资源与环境，11(3):53-57.

陈滨，2007. 江西大岗山杉木人工林生态系统土壤呼吸与碳平衡研究 [D]. 北京 : 中国林业科学研究院 .

陈阳，崔仁胜，朱小毅，等，2020. 物联网 MQTT 协议在地震波形实时传输中的应用 [J/OL]. 地球物理学进展 :1-9[2020-08-25]. http://kns.cnki.net/ kcms/detail/11.2982.P.20191227.1515.010. html.

崔斌，高军，童咏昕，等，2019. 新型数据管理系统研究进展与趋势 [J]. 软件学报，30(1):164-193.

戴圣骐，赵斌，2016. 大数据时代下的生态系统观测发展趋势与挑战 [J]. 生物多样性，24(1):85-94.

邓雨欣，唐彰国，张健，等，2019. 基于 MQTT 协议命令分组编码的隐蔽信道研究 [J]. 计算机工程，45(11):138-143.

邓志云，路红伟，2018. 基于 RS485 总线的起落架控制系统实时通信算法实现 [J]. 计算机测量与控制，26(07):75-78+83.

董建林，雅洁，邓芳，1998. 聚类分析在林业区划中的应用 [J]. 内蒙古林业科技 (3):26-32.

董瑞志，李必信，王璐璐，等，2020. 软件生态系统研究综述 [J]. 计算机学报，43(2):250-271.

董哲，宋红霞，2015. ZigBee-WiFi 协同无线传感网络的节能技术 [J]. 计算机工程与设计，36(1):22-29.

杜吉祥，汪增福，DUJi-Xiang，等，2008. 基于径向基概率神经网络的植物叶片自动识别方法 [J]. 模式识别与人工智能，21(2):206-213.

方华军，程淑兰，于贵瑞，2007. 森林土壤碳、氮淋失过程及其形成机制研究进展 [J]. 地理科学进展，26(3):29-37.

冯子陵，俞建新，2012. RS485 总线通信协议的设计与实现 [J]. 计算机工程，38(20):215-218.

傅伯杰，刘世梁，2002. 长期生态研究中的若干重要问题及趋势 [J]. 应用生态学报，13(4):476-480.

傅泽强，蔡运龙，杨友孝，等，2001. 中国粮食安全与耕地资源变化的相关分析 [J]. 自然资源学报，16(4):313-319.

高超，赵玥，赵燕东，2018. 基于茎干含水率的紫薇病虫害等级早期诊断方法 [J]. 农业机械学报，49(11):196-201+257.

龚丁禧，曹长荣，2014. 基于卷积神经网络的植物叶片分类 [J]. 计算机与现代化 (4):12-15.

关健，刘大昕，2004. 一种基于多层感知机的无监督异常检测方法 [J]. 哈尔滨工程大学学报，25(4):495-498.

郭文义，李海军，房佳佳，等，2019. 基于蓝牙的无线温湿度采集系统的设计与分析 [J]. 内蒙古大学学报 (自然科学版)，50(1):79-83.

国家林业和草原局，2021. 森林生态系统长期定位观测研究站建设规范（GB/T 40053—2021）[M] 北京：中国标准出版社

国家林业局，2007. 干旱半干旱区森林生态系统定位观测指标体系 (LY/T 1688—2007) [R].

国家林业局，2007. 暖温带森林生态系统定位观测指标体系（LY/T 1689—2007）[R].

国家林业局，2007. 热带森林生态系统定位观测指标体系（LY/T 1687—2007）[R].

国家林业局，2008. 寒温带森林生态系统定位观测指标体系（LY/T 1722—2008）[R]. .

国家林业和草原局，2020. 森林生态系统服务功能评估规范（GB/T 38582—2020) [M] 北京：中国标准出版社 .

国家林业局，2010. 森林生态系统定位研究站数据管理规范 (LY/T 1872—2010) [R].

国家林业局，2010. 森林生态站数字化建设技术规范（LY/T 1873—2010) [R].

国家林业局，2016. 森林生态系统长期定位观测方法（GB/T 33027—2016）[M]. 北京：中国标准出版社 .

国家林业局，2017. 森林生态系统长期定位观测指标体系（GB/T 35377—2017）[M]. 北京：中国标准出版社 .

国家林业局,2008.国家林业局陆地生态系统定位研究网络中长期发展规划(2008—2020 年)[R].

韩春，陈宁，孙杉，等，2019. 森林生态系统水文调节功能及机制研究进展 [J]. 生态学杂志，38(7)，2191-2199.

洪学海，蔡迪，2020. 面向"互联网 +"的 OT 与 IT 融合发展研究 [J]. 中国工程科学，22(4):1-6.

胡圣尧，杨子立，关静，等，2016.基于 GPRS 或 4G 的通信基站电源监控系统设计 [J].电源技术，40(9):1865-1866+1892.

黄秉维，1993.中国综合自然区划 [M].北京：科学出版社 .

黄双成，赵扬，李志伟，等，2020.基于 NB-IoT 的粮库智能门窗群监控系统设计与实现 [J].江苏农业科学，48(10):245-249.

黄正睿，潘淼鑫，陈崇成，等 .集成 LoRa 与北斗卫星导航系统的应急环境监测数据获取与传输技术 [J/OL].武汉大学学报 (信息科学版):1-10[2020-08-25]. https://doi.org/10.13203/j.whugis20190207.

贾树海，韩志根，吕默楠，等，2011 .基于决策树的辽宁省北部沙漠化信息提取研究 [J].生态环境学报，20(1):13-18.

贾梓健，宋腾炜，王建新，2017.基于傅里叶变换和 kNNI 的周期性时序数据缺失值补全算法 [J].软件工程，20(3):9-13.

教媛媛，2013 基于 BP 神经网络的林木碳汇计量算法研究 [D].哈尔滨：东北林业大学 .

金国栋，卞昊穹，陈跃国，等，2020.HDFS 存储和优化技术研究综述 [J].软件学报，31(1):137-161.

李伯虎，陈左宁，柴旭东，等，2020."智能 +" 时代新 "互联网 +" 行动总体发展战略研究 [J].中国工程科学，22(4):1-9.

李德仁，龚健雅，邵振峰，等，2010.从数字地球到智慧地球 [J].武汉大学学报（信息科学版），35(2):127-132.

李亢，李新明，刘东，2015 .多源异构装备数据集成研究综述 [J].中国电子科学研究院学报，10(02):162-168.

李培楠，万劲波，2014.工业互联网发展与 "两化" 深度融合 [J].中国科学院院刊，29(2):215-222.

李双全，辛玉明，方正，2017.基于 ARM+STM32 的农田小气候数据采集器的设计 [J].安徽大学学报 (自然科学版)，41(1):59-66.

李新，刘绍民，孙晓敏，等，2016.生态系统关键参量监测设备研制与生态物联网示范 [J].生态学报，36(22): 7023-7027.

李新荣，张志山，刘玉冰，等，2017.长期生态学研究引领中国沙区的生态重建与恢复 [J].中国科学院院刊，32(7):790-797.

李永立，吴冲，罗鹏，2014.引入反向传播机制的概率神经网络模型 [J].系统工程理论与实践，(11):2921-2928.

林思美，黄华国，陈玲，2019.结合随机森林与 K-means 聚类评价湿地火烧严重程度 [J].遥感信息，, 34(2):48-54.

刘俊龙，刘光明，张黛，等，2015. 基于 Redis 的海量互联网小文件实时存储与索引策略研究 [J]. 计算机研究与发展，52(S2):148-154.

刘珂男，童薇，冯丹，等，2017. 一种灵活高效的虚拟 CPU 调度算法 [J]. 软件学报，28(2):398-410.

刘维栋，2014. 物联网在青海省生态系统服务功能监测中的应用 [J]. 安徽农业科学，42(13):4110.

刘曦，刘经伟，2020. 东北国有林区森林生态系统服务功能价值量的监测与评估 [J]. 东北林业大学学报，48(8):66-71.

刘焱序，彭建，汪安，等，2015. 生态系统健康研究进展 [J]. 生态学报，35(18)，5920-5930.

刘毅，杜培军，郑辉，等，2012. 基于随机森林的国产小卫星遥感影像分类研究 [J]. 测绘科学，37(4):194-196.

柳永波，2017. 基于 LoRa 的无线自组网 MAC 协议研究 [D]. 西安：西安电子科技大学.

陆元昌，洪玲霞，雷相东，2005. 基于森林资源二类调查数据的森林景观分类研究 [J]. 林业科学，41(2):21-29.

骆东松，赵磊，周宇轩，2020. 基于 LoRa 的温室远程灌溉系统研究 [J]. 安徽农业科学，48(6):194-197.

马向前，王兵，郭浩等，2008. 江西大岗山森林生态系统健康研究 [J]. 江西农业大学学报，30(1):59-62.

毛浪，赵传钢，2015. 基于聚类的林业病虫害实体抽取研究 [J]. 计算机应用与软件，32(3):37-40+64.

孟小峰，杜治娟，2016. 大数据融合研究：问题与挑战 [J]. 计算机研究与发展，53(02):231-246.

聂珲，陈海峰，2020. 基于 NB-IoT 环境监测的多传感器数据融合技术 [J]. 传感技术学报，33(1):144-152.

聂立水，李吉跃，2004. 应用 TDP 技术研究油松树干液流流速 [J]. 北京林业大学学报，26(6):49-56.

彭镇华，2000. 中国森林生态网络体系工程 [J]. 中国农业科技导报，2(1):21-26.

戚玉娇，李凤日，2015. 基于 KNN 方法的大兴安岭地区森林地上碳储量遥感估算 [J]. 林业科学，51(5):46-55.

齐江涛，张书慧，于英杰，等，2009. 基于蓝牙技术的变量施肥机速度采集系统设计 [J]. 农业机械学报，40(12):200-204.

綦成元，曹淑敏，2015. 大融合、大变革:《国务院关于积极推进"互联网＋"行动的指导意见》解读 [M]. 北京：中共中央党校出版社.

钱志鸿，王义君，2013. 面向物联网的无线传感器网络综述 [J]. 电子与信息学报，35(1): 215-227.

任克强，王传强，2020. 基于物联网的室内数据采集监控系统 [J]. 液晶与显示，35(2):136-142.

沈耿彪，李清，江勇，等，2020. 数据中心网络负载均衡问题研究 [J]. 软件学报，31(7):2221-2244.

沈苏彬，毛燕琴，范曲立，等，2010. 物联网概念模型与体系结构 [J]. 南京邮电大学学报（自然科学版），30(4):1-8.

史兵丽，王刚，张会新，等，2020. 基于 ZigBee 无线网络的应变数据采集系统 [J]. 仪表技术与传感器，(1):79-82.

宋庆丰，牛香，殷彤，等，2015. 黑龙江省湿地生态系统服务功能评估 [J]. 东北林业大学学报，(6):149-152.

苏铓，吴槟，付安民，等，2020. 基于代理重加密的云数据访问授权确定性更新方案 [J]. 软件学报，31(5):1563-1572.

苏美文，2015. 物联网产业发展的理论分析与对策研究 [D]. 吉林：吉林大学.

苏全，李崇贵，2005. GPRS 数传产品快速构建的研究与探讨 [J]. 华中师范大学学报（自然科学版），39(2):174-176.

孙昌爱，张在兴，张鑫，2018. 基于可变性模型的可复用与可定制 SaaS 软件开发方法 [J]. 软件学报，29(11):3435-3454.

孙钰，韩京冶，陈志泊，等，2018. 基于深度学习的大棚及地膜农田无人机航拍监测方法 [J]. 农业机械学报.

汤丽妮，张礼清，王卓，2003. 人工神经网络在生态环境质量评价中的应用 [J]. 四川环境，22(3):69-72.

唐震，吴恒，王伟，等，2017. 虚拟化环境下面向多目标优化的自适应 SSD 缓存系统 [J]. 软件学报，28(8):1982-1998.

万雪芬，郑涛，崔剑，等，2020. 中小型规模智慧农业物联网终端节点设计 [J]. 农业工程学报，36(13):306-314.

汪凤珠，赵博，王辉，等，2019. 基于 Zig Bee 和 TCP /IP 的盐碱地田间监控系统研究 [J]. 农业机械学报，(S1):207-212.

王兵，赵广东，李少宁，等，2005. 江西大岗山常绿阔叶林优势种丝栗栲和苦槠栲光合日动态特征研究 [J]. 江西农业大学学报，27(04):576-579.

王兵，2012. 森林生态系统长期定位研究标准体系 [M]. 北京：中国林业出版社.

王兵，丁访军，2010. 森林生态系统长期定位观测标准体系构建 [J]. 北京林业大学学报，

32(6):141-145.

王兵，赵广东，李少宁，等，2005. 江西大岗山常绿阔叶林优势种丝栗栲和苦槠栲光合日动态特征研究 [J]. 江西农业大学学报，27(4):576-579.

王进文，张晓丽，李琦，等，2019. 网络功能虚拟化技术研究进展 [J]. 计算机学报，42(2):185-206.

王任华，霍宏涛，游先祥，2003. 人工神经网络在遥感图像森林植被分类中的应用 [J]. 北京林业大学学报，25(04):1-5.

王守觉，王柏南，2002. 人工神经网络的多维空间几何分析及其理论 [J]. 电子学报，30(1):1-4.

王业蘧，李景文，陈大珂，1995. 建立中国森林生态系统定位研究网络刍议 [J]. 东北林业大学学报，23(1):84-94.

王意洁，许方亮，裴晓强，2017. 分布式存储中的纠删码容错技术研究 [J]. 计算机学报，40(1):236-255.

邬贺铨，2020. 5G 时代的网络社会新特征与产业面临的挑战 [J]. 重庆邮电大学学报 (自然科学版)，32(2):171-176.

吴功宜，吴英，2012. 物联网工程导论 [M]. 北京 : 机械工业出版社 .

吴庆标，王效科，段晓男，等，2008. 中国森林生态系统植被固碳现状和潜力 [J]. 生态学报，28(2):517-524.

吴玉红，田霄鸿，同延安，等，2010. 基于主成分分析的土壤肥力综合指数评价 [J]. 生态学杂志，29(1):173-180.

熊伟，王彦辉，徐德应，2003. 宁南山区华北落叶松人工林蒸腾耗水规律及其对环境因子的响应 [J]. 林业科学，29(2):1-7.

熊文俊，赵辉，2020. 基于北斗卫星的航天器监控系统数据通信技术 [J]. 计算机测量与控制，28(5):80-83.

薛涛，杜岳峰，田纪云，等，2016 . 基于 Zig Bee 技术的棉田滴灌监测与控制系统 [J] 农业机械学报，47(增刊) : 261-266.

闫纪红，李柏林，2020. 智能制造研究热点及趋势分析 [J]. 科学通报，65(8):684-694.

闫连山，2012. 物联网（通信）导论 [M]. 北京 : 高等教育出版社 .

闫世伟，李逸，2017. 基于 TDP 法对红柳耗水规律的探究试验 [J]. 江西农业 (9):82-83.

颜绍逼，吴冬秀，AN S，等，2011. 一种新的生态监测数据质量评估方法——以 CERN 乔木生长数据为例 [J]. 应用生态学报，22(4):1067-1074.

杨冬菊，冯凯，2018. 基于缓存的分布式统一身份认证优化机制研究 [J]. 计算机科学，45(3):302-306+312.

杨洪晓，吴波，张金屯，等，2005. 森林生态系统的固碳功能和碳储量研究进展 [J]. 北京师范大学学报 (自然科学版)，41(2):172-177.

尹小娟，宋晓谕，蔡国英，2014. 湿地生态系统服务估值研究进展 [J]. 冰川冻土，36(3):759-766

于贵瑞，张雷明，孙晓敏，2014. 中国陆地生态系统通量观测研究网络 (ChinaFLUX) 的主要进展及发展展望 [J]. 地理科学进展，33(7):903-917.

余凯，贾磊，陈雨强，等，2013. 深度学习的昨天、今天和明天 [J]. 计算机研究与发展，50(9):1799-1804.

袁智勇，何金良，陈水明，2004. 印刷电路板差分线边缘布置的电磁兼容分析 [J]. 电波科学学报，19(6):689-693.

张晓丽，杨家海，孙晓晴，等，2018. 分布式云的研究进展综述 [J]. 软件学报，29(7):2116-2132.

张新时，高琼，杨奠安，等，1997. 中国东北样带的梯度分析及其预测 [J]. Acta Botanica Sinica，39(9):785-799.

赵俊芳，曹云，马建勇，等，2018. 基于遥感和 FORCCHN 的中国森林生态系统 NPP 及生态服务功能评估 [J]. 生态环境学报，27(9)，1585-1592.

赵敏，周广胜，2004. 中国森林生态系统的植物碳贮量及其影响因子分析 [J]. 地理科学，24(1):50-54.

赵益新，赵珂，沈庆航，2008. 多因素主成分分析及其在生态环境研究中的应用 [J]. 西南民族大学学报 (自然科学版)，34(2):203-206.

郑度，2008. 中国生态地理区域系统研究 [M]. 北京：商务印书馆 .

郑度，杨勤业，赵名茶，等，1997. 自然地域系统研究 [M]. 北京：中国环境科学出版社 .

郑一力，赵燕东，刘卫平，等，2018. 基于北斗卫星通信的林区小气候监测系统研究 [J]. 农业机械学报，49(2):217-224.

中国环境监测总站，1999. 中国环境监测总站五年 (1998—2002) 纲要 (摘要)[J]. 中国环境监测，15(1):6-7.

中国科学院沈阳应用生态研究所，2019. 中国科学院沈阳应用生态研究所 [J]. 中国科学院院刊，34(8):962-965.

周洪波，2012. 物联网技术、应用、标准和商业模式 [M]. 北京：电子工业出版社 .

周江，王伟平，孟丹，等，2014. 面向大数据分析的分布式文件系统关键技术 [J]. 计算机研究与发展，51(2):382-394.

周晓峰，1999. 中国森林与生态环境 [M]. 北京：中国林业出版社 .

周志华，2016. 机器学习 [M]. 北京：清华大学出版社 .

Adankon M M, Cheriet M, 2002. Support Vector Machine[J]. Computer Science，1(4):1-28.

Blesson Varghese, Rajkumar Buyya, 2019. Next generation cloud computing: New trends and research directions[J]. Future Generation Computer Systems, 79(3): 849-861.

Cheng-Fu Huang, Ding-Hsiang Huang, Yi-Kuei Lin, 2020. Network reliability evaluation for a distributed network with edge computing[J]. Computers & Industrial Engineering, 147:1-8.

Christian R R，Digiacomo P M，Malone T C，et al, 2006. Opportunities and challenges of establishing coastal observing systems[J]. Estuaries & Coasts，29(5):871-875.

Condie T, Conway N, Alvaro P, et al，2010 . MapReduce online[C]//Nsdi. ，10(4): 20.

Daniel Salas, Xu Liang, Miguel Navarro, et al，2020. An open-data open-model framework for hydrological models' integration, evaluation and application[J]. Environmental Modelling & Software，26:1-20.

Feng Lu, Ziqian Shi, Lin Gu, et al，2019.Laurence Tianruo Yang. An adaptive multi-level caching strategy for Distributed Database System[J]. Future Generation Computer Systems，97:61-68.

Gaith Rjoub, Jamal Bentahar, Omar Abdel Wahab, 2020. BigTrustScheduling: Trust-aware big data task scheduling approach in cloud computing environments [J]. Future Generation Computer Systems，110(2020): 1079-1097.

Gerhard Hasslinger, Konstantinos Ntougias, Frank Hasslinger, et al，2017. Performance evaluation for new web caching strategies combining LRU with score based object selection[J]. Computer Networks，125:172-186.

Gers F A ，Schmidhuber，Jürgen，et al，2000 . Learning to Forget: Continual Prediction with LSTM[J]. Neural Computation，12(10):2451-2471.

GISELLA REBAY，DAVIDE ZANONI，ANTONIO LANGONE ，et al，2018. Dating of ultramafic rocks from the Western Alps ophiolites discloses Late Cretaceous subduction ages in the Zermatt-Saas Zone[J].Geological Magazine，155(2):298-315.

Goodfellow I, Bengio Y, Courville A, 2017. 深度学习 [M]. 北京：人民邮电出版社 .

Gosz J R，1996 . International long-term ecological research: priorities and opportunities[J]. Trends inEcology & Evolution，11(10):1.

Hartigan J A，Wong M A，1979. Algorithm AS 136: A K-Means Clustering Algorithm[J]. Journal of the Royal Statistical Society, 28(1):100-108.

Henning Köhler, Sebastian Link, 2018, SQL schema design: foundations, normal forms, and normalization[J]. Information Systems，76:88-113.

Hornik K，Stinchcombe M，White H，1989. Multilayer feedforward networks are universal approximators.[J]. Neural Networks, 2(5):359-366.

Huntingford C, Gash J, 2005. Climate equity for all[J]. Science, 309(5742):1789.

Jian Guo, Fangming Liu, John C S Lui, et al, 2015. Fair Network Bandwidth Allocation in IaaS Datacenters via a Cooperative Game Approach[J].IEEE/ACM Transactions on Networking, 24(2):873-886.

Jintao Gao, Wenjie Liu, Zhanhuai Li, et al, 2020. A general fragments allocation method for join query in distributed database[J]. Information Sciences, 512:1249-1263.

József Kovács, Péter Kacsuk, Márk Em di, 2018. Deploying Docker Swarm cluster on hybrid clouds using Occopus [J]. Advances in Engineering Software, 125: 136-145.

Kim E S, 2006. Development, potentials, and challenges of the International Long-Term Ecological Research (ILTER) Network[J]. Ecological Research, 21(6):788-793.

Luo D, Ding C, Huang H, 2012, Parallelization with multiplicative algorithms for big data mining[C]//In 2012 IEEE 12th International Conference on Data Mining: 489-498.

MA (Millennium Ecosystem Assessment), 2005. Ecosystems and Human Well-being: Synthesis[M]. Washington, DC: Island Press.

Mehdi Nazari Cheraghlou, Ahmad Khadem-Zadeh, Majid Haghparast, 2016. A survey of fault tolerance architecture in cloud computing[J]. Journal of Network and Computer Applications, 61:81-92.

Michie D, Spiegelhalter DJ, Taylor C, 1994. Machine learning[J]. Neural and Statistical Classification, 13(1994):1-298.

Mohamed O Elsedfy, Wael A. Murtada, Ezz F, 2019. Abdulqawi, Mahmoud Gad-Allah. A real-time virtual machine for task placement in loosely-coupled computer systems[J].Heliyon, 5(6):2405.8440.

Moin Hasan, Major Singh Goraya, 2018. Fault tolerance in cloud computing environment: A systematic survey [J]. Computers in Industry, 99：156-172.

Mostafa Noshy, Abdelhameed Ibrahim, Hesham Arafat Ali, 2018. Optimization of live virtual machine migration in cloud computing: A survey and future directions[J]. Journal of Network and Computer Applications, 10:1-10.

National Research Council, 2004. NEON-Addressing the nation's environmental challenges[M]. Washington DC: The National Academy Press.

Nick J B Isaac, Marta A Jarzyna, Petr Keil, et al, 2020. Data Integration for Large-Scale Models of Species Distributions[J]. Trends in Ecology & Evolution, 35(1):56-67.

Quinlan J R, 1986. Induction on decision tree[J]. Machine Learning, 1(1):81-106.

Saunders C，Stitson MO，Weston J，et al，2002. Support vector machine[J]. Computer Science，1(4):1-28.

Souad Ghazouani, Yahya Slimani，2017. A survey on cloud service description [J]. Journal of Network and Computer Applications，91(2017): 61-74.

Tyler Harter, Dhruba Borthakur, Siying Dong，et al，2014 Analysis of HDFS under HBase：a facebook messages case study[C]// Proceedings of the 12th USENIX conference on File and Storage Technologies. USENIX Association.

Vaughan H，Brydges T，Fenech A，et al，2001. Monitoring Long-Term Ecological Changes Through the Ecological Monitoring and Assessment Network: Science-Based and Policy Relevant[J]. Environmental Monitoring and Assessment，67(1-2):3-28.

Wanchun Jiang, Haiming Xie, Xiangqian Zhou, et al, 2019. Understanding and improvement of the selection of replica servers in key–value stores[J]. Information Systems，83:218-228.

Wei Wei, Xiaohui Gong, Weidong Yang, et al, 2020. Mathematical analysis and handling of a general stochastic scheduling problem arising in heterogeneous clouds[J]. Computers & Industrial Engineering，147:1-11.

Yiming Lin，Hongzhi Wang, Jianzhong Li, et al，2019. Data source selection for information integration in big data era[J]. Information Sciences, 479:197-213.

Yinan Xu，Hui Liu，Zhihao Long，2020. A distributed computing framework for wind speed big data forecasting on Apache Spark [J]. Sustainable Energy Technologies and Assessments，37(2020):1-14.

Zaharia M，Chowdhury M，Franklin M J，et al，2010 .Spark: Cluster computing with working sets[J]. HotCloud, 10(10-10): 95.

Zhihui Lu，Xueying Wang，Jie Wu，et al，2017. InSTechAH: Cost-effectively autoscaling smart computing hadoop cluster in private cloud [J]. Journal of Systems Architecture，80(2020):1-16.

"中国森林生态系统连续观测与清查及绿色核算"
系列丛书目录

21．云南省林草资源生态连清体系监测布局与建设规划，出版时间：2021年8月

22．云南省昆明市海口林场森林生态系统服务功能研究，出版时间：2021年9月

23．"互联网＋生态站"：理论创新与跨界实践，出版时间：2021年11月